Jens Braak

Zufallstreffer

Für Michaela –
den schönsten Zufallstreffer in meinem Leben

Jens Braak

Zufallstreffer

Vom erfolgreichen Umgang
mit dem Unplanbaren

EDITION OCTOPUS

Jens Braak, »Zufallstreffer – Vom erfolgreichen Umgang
mit dem Unplanbaren«

© 2013 der vorliegenden Ausgabe: Edition Octopus im Verlagshaus
Monsenstein und Vannerdat OHG Münster. www.edition-octopus.de

© 2013 Dr. Jens Braak
Alle Rechte vorbehalten

Konzeption und Realisation: Ariadne-Buch, Christine Proske, München
Redaktion: Kathrin Nord, München
Illustrationen Inhalt und Umschlag: Caroline Wegener, Berlin
Umschlaggestaltung: ehlers//kohfeld, Berlin
Druck und Einband: MV-Verlag

ISBN 978-3-86991-911-9

Bibliografische Information der Deutschen Nationalbibliothek:
Die Deutsche Nationalbibliothek verzeichnet diese Publikation in der
Deutschen Nationalbibliografie; detaillierte bibliografische
Daten sind im Internet abrufbar über http://dnb.d-nb.de

Inhaltsverzeichnis

Einleitung

Erfolgreiche Menschen wirken auf andere anziehend. Sie sind gefragt, ob auf einer Veranstaltung im Small Talk, bei der Präsentation eines Unternehmens, in den Medien oder dem Freundes- und Bekanntenkreis. Als entscheidender Faktor für den Erfolg eines Menschen gilt häufig die Kombination besonderer Leistungen und richtiger Entscheidungen. Ausgeblendet oder dezent verschwiegen wird, dass zudem Glück eine Rolle spielte und auch die Abwesenheit von Pech von Vorteil war. Deshalb entsteht leicht ein schiefes Bild von dem Zusammenhang zwischen Erfolg und eigenem Tun. Dieses vermittelt, dass allein die passende Strategie ein Garant dafür wäre, seine Unternehmungen in die richtige Richtung zu lenken.

Doch viele Entwicklungen nehmen Wendungen, die kaum vorhergesagt werden können. Das hat sich gerade in letzter Zeit wieder deutlich gezeigt: Mit der Finanzkrise Ende 2008, der größten Wirtschaftskrise seit den 30er-Jahren im Jahr 2009 und mit dem größten Aufschwung seit 20 Jahren im Jahr 2010.

Im Nachhinein ist man immer schlauer, doch das tröstet wenig. Auch in Zukunft werden viele im Nachhinein schlauer sein. Ob sich die Wirtschaft in der nächsten Zeit nun nachhaltig erholt oder es zu einer weiteren Talfahrt kommt, in beiden Fällen wird es genügend Experten geben, die dann sagen, sie hätten es kommen sehen.

Im Medientalk, in Strategiebesprechungen in Unternehmen oder im privaten Umfeld herrscht die Meinung vor, es gäbe die eine Erfolgsstrategie. Es entsteht der Eindruck, man könne alle Entwicklungen im Griff haben und wäre in der Lage, die Zukunft vorauszuberechnen. Das hat bisweilen etwas von einer Allmachtsfantasie und ist doch zutiefst menschlich. Für unser psychisches Wohlbefinden ist das Gefühl, den Erfolg dem eigenen Handeln zuschreiben zu können, sehr förderlich.

Diese Eindimensionalität hat aber seelische Nebenwirkungen, denn damit ist auch ein zunehmender Druck auf den einzelnen Menschen verbunden. Wer der alleinige Schmied seines Glückes ist, muss wohl persönlich versagt haben, wenn es mal nicht klappt. Da kann dann schnell der vernünftige gelassene Umgang mit dem Auf und Ab des Lebens verloren gehen. Die Auswirkungen dieser Betrachtungsweise spiegeln sich auch in der Zunahme von psychischen Erkrankungen in den letzten Jahren wider. Vor 15 Jahren standen im Coaching noch die Förderung der eigenen Karriere oder die Verbesserung von Unternehmensprozessen auf der Agenda. In den letzten Jahren hat die Nachfrage nach Themen rund um die persönliche Überlastung deutlich zugenommen. Burnout wird bereits als Volkskrankheit bezeichnet. Es lohnt sich daher, die Frage des Erfolges vor dem Hintergrund der eigenen Einflussmöglichkeiten und deren Begrenztheit zu beleuchten und die Rolle des Zufalls konsequent einzubeziehen.

Ich mache Ihnen mit diesem Buch das Angebot, gekonnt dort aktiv zu werden, wo Sie einen Einfluss haben, und dort gelassen zu bleiben, wo der Zufall agiert. In meiner Arbeit als Coach habe ich in den letzten Jahren diesen Ansatz zur konsequenten Einladung des Zufalls entwickelt. Ich wende ihn seit Jahren in der Beratung von Unternehmen und im Einzelcoaching an. Es ist eine Theorie dicht an der Praxis, die sich auf weitere Entwicklungen freut, die sich auch aus der Diskussion um dieses Buch ergeben werden. Betrachten Sie es als Anregung, als herzliche Einladung, Ihr eigenes Denken und Handeln zu reflektieren und weiterzuentwickeln.

Für dieses Buch habe ich etwa 50 Menschen aus Wirtschaft und Kultur interviewt. Mit meinen Gesprächspartnerinnen und Gesprächspartnern habe ich mich auf die Suche nach ihrem individuellen Umgang mit Chancen gemacht. Wie sie Chancen erzeugen, sie bewerten und schließlich verfolgen. Ich habe mit meinen Gesprächspartnern viele «Schätze» entdeckt, die ich Ihnen hier vorstelle und die das Konzept lebensnah veranschaulichen. Bei der Auswahl der Menschen spielte natürlich auch der Zufall eine Rolle. Ich habe Menschen aus meinem eigenen Netzwerk angesprochen, habe Anregungen aufgenommen und Menschen kontaktiert, die ich spannend fand. So ergibt sich die Mischung aus Anregungen und Beispielen. Einige Personen wollten im Buch anonym bleiben. Ihre Namen habe ich geändert. Sie erkennen das daran, dass der Nachname nur mit dem Anfangsbuchstaben genannt wird.

Prolog: Erfolgreicher Zufall

Erfolg ist etwas Schönes. Wenn man seine Ziele erreicht oder sogar übertrifft, löst das in der Regel ein gutes Gefühl aus. Das ist selbst dann so, wenn gleich nach dem Erfolgserlebnis die Arbeit für das nächste Ziel beginnt und nur wenig Zeit für Genuss und Freude bleibt, so, wie es etwa in der Wirtschaft oder im Sport ist.

An erfolgreichen Ereignissen sind immer mehrere Personen beteiligt. Das Wort «Erfolg» verschleiert dies. In ihm steckt das Wort «Folge». Damit impliziert es, dass das Erreichen eines Zieles die *Folge* eines bestimmten Handelns sei. In seinem Buch «Überflieger» macht Malcolm Gladwell deutlich, dass letztlich auch eine ganze Reihe weiterer Faktoren ursächlich für den Erfolg sind – Faktoren, auf die wir keinen Einfluss haben. Das sind beispielsweise das Geburtsjahr, bisweilen sogar der Geburtsmonat oder das soziale Umfeld, in dem wir aufwachsen. Sie beeinflussen unsere Chancen, zum richtigen Zeitpunkt am richtigen Ort und mit den benötigten Talenten und Fähigkeiten ausgestattet zu sein.

Darüber hinaus gibt es einen weiteren, außerhalb unserer Kontrolle liegenden Aspekt: den Zufall. Höchst unwahrscheinliche Ereignisse beeinflussen unsere Zukunft mit großer «Macht», wie es Nassim Nicholas Taleb in seinem Buch «Der Schwarze Schwan» auf den Punkt bringt.

Es ist erstaunlich, dass Menschen diese Erkenntnis nicht ernst nehmen, wenn sie ihre private oder berufliche Zukunft planen. Statt den Zufall zu integrieren und für sich zu nutzen, wollen sie ihn ausschließen. So fragen sie sich: «Was kann ich tun, um zufällige Ereignisse zu verhindern und so mit großer Planungssicherheit erfolgreich zu werden?» Stattdessen müsste die Frage ganz anders lauten: «Was kann ich tun, um neben einer guten Strategie und Planung dem Zufall zu ermöglichen, mir bei der Erreichung meiner Ziele zu helfen?»

Erfolg: Eine individuelle Angelegenheit

Erfolg ist eine schöne Sache, wenn man ihn hat. Dann versorgen einen die Hormone mit Glücksgefühlen und man kann den Höhenflug genießen. Es ist verständlich, dass Menschen nach Erfolg streben. Wird ihm aber zu viel Bedeutung zugemessen, kann das problematisch werden. Wenn einem andere Personen mit der Ausstrahlung «jung, dynamisch, erfolgreich» begegnen und wie in der kitschigsten Werbekampagne von Haus, Auto und Familie vorschwärmen, wird es schwerfallen, vom aktuellen Misserfolg zu berichten. Und so streben viele nach einem «höher, schneller, weiter» und verlieren dabei die Sicht auf die verschiedenen Erfolgsfaktoren. Fragen Sie einen Verkäufer, warum die Zahlen im letzten Jahr so extrem gut waren. Er wird vielleicht antworten, es läge an seiner extrem guten Vertriebsarbeit. Und der Grund für die diesjährigen schlechten Zahlen ist ebenso eindeutig, das läge am Einbruch der Märkte. Diese Argumentation lenkt ab von eigenen Entscheidungen und Maßnahmen, die sich im Nachhinein als falsch herausgestellt haben. Diese Haltung wird angeheizt durch einen gesellschaftlichen Erfolgsdruck, dem man sich bisweilen nur schwer entziehen kann.

Aber es gibt auch die andere Variante, dass ein Verkäufer seinen Erfolg des letzten Jahres abwiegelt und sagt, es sei alles nur Glück gewesen. Und hinsichtlich der schlechten aktuellen Zahlen macht er sich Vorwürfe, dass er im letzten Jahr nicht auf neue Zielgruppen gesetzt hat.

Der Umgang mit dem Erfolg ist also eine sehr individuelle Angelegenheit. Ob ich das Glas als halb voll oder halb leer bewerte, ist letztlich eine Frage der Persönlichkeit und nicht der Fakten. Umso wichtiger ist es, sehr bewusst mit den eigenen Erfolgsmaßstäben umzugehen, sich den zahlreichen Möhren, die einem vorgehalten werden, zu entziehen und eigene Maßstäbe zu entwickeln.

Definieren Sie Ihre eigenen Erfolgsmaßstäbe. Überlegen Sie sich, welche Ziele Sie erreichen wollen, welche Werte Ihnen wichtig sind und welche Erwartungen Sie an sich, Ihr Umfeld und das Leben haben. Diese Erfolgsmaßstäbe sind so individuell wie die Menschen selbst. Bei der Definition Ihrer Erfolgsmaßstäbe sind Sie nicht ganz frei. Sie wird nicht nur beeinflusst von Ihren Wünschen, sondern auch davon, aus welchem Umfeld Sie kommen, welche Talente und Fähigkeiten Sie haben, welche Leidenschaften und Sehnsüchte und wie wichtig Ihnen das Erreichen von Zielen ist. Und natürlich ist es auch möglich, sich gar keine konkreten Erfolgsmaßstäbe zu setzen, sondern sich treiben zu lassen, zuzugreifen, wenn es sich ergibt und ansonsten mit dem zufrieden zu sein, was das Leben einem bietet. Ich möchte Sie anregen, sich bei der Definition Ihrer Erfolgsmaßstäbe alle Freiheit zu nehmen.

Das ist auch deshalb wichtig, weil der Erfolgsdruck von außen groß ist. Menschen mit einem Knick in der Karriere fällt es häufig schwer, den Misserfolg von ihrem Wert als Mensch zu entkoppeln. Das ist auch deshalb so, weil der private und öffentliche Tratsch nicht am Normalen interessiert ist. Der Nachrichtenwert einer Geschichte ist besonders groß, wenn es sich um große Erfolge oder dramatische Niederlagen handelt. Der Erfolg des Softwaremilliardärs Bill Gates und das Scheitern der Versandhauserbin Madeleine Schickedanz sind spannender als die normale Karriere des Ingenieurs und der Lehrerin von nebenan, deren Schicksale immer wieder zu Unrecht unter dem Label der Mittelmäßigkeit leiden. So fühlen sich denn auch viele Menschen unter Druck, von Erfolgen zu berichten. Schön, wenn gerade Erfolge zu verzeichnen sind, schlecht, wenn man in der Krise steckt. Wenn zum Bewundern im Höhenflug das Niedermachen in der Krise gehört, ist der Preis für diesen Erfolgswahn zu hoch. Schließlich kann fast niemand auf Dauer Erfolge vorweisen und schon gar nicht in allen Lebensbereichen. Gut hat es dann der, der sich nicht nur über seine Erfolge definiert, sondern seine Identität aus anderen Quellen speisen kann.

Dann kommt es auch nicht zu den typischen Nebenwirkungen eines Erfolgs- und Machbarkeitswahns. Es bedarf dann keines Umbiegens und Umdeutens bei Misserfolgen, um den eigenen Selbstwert zu schützen und stabil zu halten. Es braucht auch kein Überhöhen und Aufblasen des Erfolges, um das eigene Ego zu stärken. Und auch das Opfern der eigenen und der familiären Interessen für den beruflichen Erfolg kann einem nachhaltigeren Umgang mit der eigenen Karriere weichen.

Mir geht es hier um eine angemessene Grundhaltung zum Erfolg, die hilfreich ist, um mit der richtigen Gelassenheit durch die verschiedenen Entwicklungen des Lebens zu gehen. Das bedeutet nicht, dass man allein durch Gelassenheit jede Krise meistern kann oder sogar trotz aller Belastung immer schön fröhlich bleibt. Wer lange Zeit arbeitslos ist oder in seinem Un-

ternehmen nicht geschätzt wird und beispielsweise bei jeder Beförderung übergangen wird oder wer als Selbstständiger von einer Krise in die nächste schlittert, der kann in ein schwieriges
emotionales Fahrwasser geraten. Dann kann es trotz aller noch
so vorbildlicher Erfolgsmaßstäbe hilfreich sein, sich professionelle Hilfe zu holen.

Wichtig beim Umgang mit den eigenen Erfolgsmaßstäben ist
die Frage, ob man mit seinen Bedürfnissen, seinen Werten und
seinen Leidenschaften im Einklang lebt. Maja Storch hat sich
als Psychologin und Psychoanalytikerin intensiv mit diesem
Thema beschäftigt. In ihrem Buch «Machen Sie doch, was Sie
wollen!» führt Sie ihre Leserinnen und Leser durch ein Programm, in dem die vernünftigen Ziele des Kopfes mit den
mächtigen Handlungsanweisungen des Bauches in Einklang
gebracht werden. Menschen sollen versuchen, Zugang zu ihren
inneren Steuerungssystemen zu bekommen, um sich besser
kennen zu lernen und ihr Leben bewusster zu steuern. Maja
Storch nannte mir eine Grundregel, die deutlich macht, dass
dieser Prozess nie aufhört. Sie empfiehlt, sich einmal im Jahr der
eigenen Psychohygiene zu widmen. Dabei prüfen Sie, ob Ihr
Leben noch mit Ihren Bedürfnissen im Einklang steht, wie sich
Ihre Bedürfnisse verändert haben und ob neue Belastungen entstanden sind. Einmal jährlich «Seele putzen» wäre demnach das
Motto. Ob Sie es zwischen Weihnachten und Neujahr machen,
im Frühjahr, Sommer oder Herbst, ist reine Geschmacksfrage.
Aber dass es lohnend ist, sich mit der eigenen seelischen Hygi-
ene regelmäßig zu beschäftigen, ist so sicher wie der Nutzen des
täglichen Zähneputzens. Wenn Sie darauf verzichten, besteht
die Gefahr, dass sich Muster festsetzen, die Sie auf Dauer aus
dem Gleichgewicht bringen. Ein Ergebnis dieser jährlichen See-

lenpflege sollte sein, sich über die eigenen Erfolgsmaßstäbe klar zu werden und darüber nachzudenken, welche Veränderungen anstehen. Es geht darum, in einem gesunden Maße seine persönlichen Ziele zu verfolgen, sich seine Wünsche zu erfüllen und seine Leidenschaften und Sehnsüchte zu befriedigen.

Zufall: Kleine Ursache – überraschende Wirkung

Vielen fällt es schwer, den Einfluss des Zufalls ernst zu nehmen. Wir lernen von klein auf, nach Strukturen und Ursache-Wirkungs-Zusammenhängen zu suchen. Nach diesem Schema gehen wir vor, wenn wir unsere Bedürfnisse befriedigen und uns unsere Wünsche erfüllen wollen.

Wer ein Kleinkind beim Erforschen der Welt beobachtet, erlebt unmittelbar, wie dieses Programm eine unendliche Geduld freisetzt, etwa um herauszufinden, welches Holzklötzchen in welche Öffnung passt. Und das Strahlen in den Augen macht deutlich, dass es für das Kind ein Genuss ist begriffen zu haben, dass der grüne sternförmige Klotz in das gezackte Loch passt.

Ohne die Suche nach Ursache-Wirkungs-Zusammenhängen gäbe es keine Entwicklung. In der Naturwissenschaft wurde das Ursache-Wirkungs-Prinzip zur Perfektion getrieben und hat mit den Theorien Isaac Newtons seinen Höhepunkt erreicht. Ihm verdanken wir die Erkenntnisse zur Berechenbarkeit des freien Falls auf der Erde und zur Berechenbarkeit von Planetenbahnen. Mit Newtons Erkenntnissen entstand der Traum, dass sich alle Wirkung aus den Ursachen berechnen ließe, wenn man diese nur genau genug kennt. Dieses lineare und mechanistische Denken ist bis heute tief in unserer Gesellschaft verankert. Bestätigt wurde es durch den technischen Fortschritt der letzten Jahrhunderte.

18

Dass die Grundthese der Berechenbarkeit eigentlich nicht haltbar ist, haben schon die Erkenntnisse der Thermodynamik und der Quantenphysik gezeigt. Es stellt sich die Frage: Wie detailliert muss ich den Zustand eines Systems kennen, um seine zukünftige Entwicklung in einem befriedigenden Maße berechnen zu können? Newton ist bei der Beantwortung dieser Frage nicht gerade bescheiden. Seine Theorien gehen von unendlicher Genauigkeit aus, das heißt: Je genauer die Ursache beschrieben ist, desto genauer kann die Auswirkung berechnet werden.

Und eben dieser Gedanke widerspricht den Erkenntnissen der Thermodynamik und der Quantenphysik. Dass eine heiße und eine kalte Flüssigkeit sich zu einer lauwarmen vermischen und dieser Prozess nie andersrum abläuft, bedarf bei der Erklärung auf Teilchenebene des Zufalls. Ohne ein gewisses Maß an zufälliger Bewegung könnte man dieses Phänomen der so genannten Entropie nicht erklären. Und auch die Quantenmechanik setzt hier Grenzen. Man kann den Ort und den Impuls eines Teilchens nicht beliebig genau messen. Wenn Sie Licht durch einen Spalt schicken und diesen sehr eng werden lassen, dann streut das Licht auf der anderen Seite und die einzelnen Lichtteilchen treten zufällig verteilt in verschiedene Richtungen hinter dem Spalt wieder aus.

Die Begrenztheit der Newton'schen Theorie war bereits viele Jahre bekannt – und damit auch die Begrenztheit der mechanistischen Denkweise. Ein neues Denken setzte sich jedoch erst in den letzten Jahrzehnten mit der Chaosforschung durch. Sie besagt, dass selbst wenn man den Zustand eines Teilchens beliebig genau kennen würde, es immer noch keine gleichmäßige Annäherung an eine berechenbare Wirkung gibt. Ein Pendel ist das Paradebeispiel für Berechenbarkeit. Wenn Sie Luftwiderstand und Reibung mit einbeziehen, können Sie sehr leicht berechnen, wie sich ein Pendel mit einer bestimmten Starthöhe bewegen wird. Ein Phänomen, das früher Uhrmacher nutzten, um mechanische Meisterleistungen zu vollbringen. Wenn Sie aber ein ähnliches zweites Pendel an das Ende des ersten hängen, sieht die Welt komplett anders aus. Das zweite Pendel schlägt chaotisch Pirouetten um die eigene Achse. Trotz einfachster Versuchsanordnung lässt sich die Bewegung nicht vorausberechnen. Das Problem an den Berechnungen ist, dass das zweite Pendel immer mal wieder senkrecht nach oben steht und die Wahl hat, nach rechts oder links weiterzudrehen. Genau solche Punkte sind es, an denen eine extreme Genauigkeit nötig wäre, um zwischen rechts und links zu entscheiden. Wenn dann noch weitere Momente dieser Art folgen, das Pendel also wieder oben steht und die Wahl hat, führen beliebig kleine Abweichungen beim Start zu weit auseinander liegenden Positionen in der Zukunft. Die Hoffnung, dass sich das Ergebnis beliebig genau berechnen ließe, wenn man nur den Anfangszustand genau genug kenne, ist damit zerschlagen.

Alle Systeme, die solche sensiblen Entscheidungspunkte beinhalten, sind in diesem Sinne chaotisch. Sie können sich durch beliebig geringfügige Ereignisse extrem unterschiedlich verändern. Nun ist das Doppelpendel ein triviales, einfaches System. Soziale Systeme aber, wie Gruppen, Unternehmen, Märkte oder Gesellschaften, sind hoch komplex – und ihre Entwicklungen damit noch weniger genau vorherzusagen wie die Bewegung des Doppelpendels. Anhand dieser Gegenüberstellung wird deutlich, wie wenig wir über die Zukunft wissen können.

Diese Erkenntnis ist nur schwer zu akzeptieren, weil wir auf die Suche nach berechenbaren Strukturen programmiert sind. Es entspricht außerdem dem Zeitgeist zu meinen, dass es auf jede Frage eine Antwort gibt, und die Rolle des strategischen Entscheiders einzunehmen, dessen Maßnahmen mit Sicherheit zum Ziel führen.

Ein weiterer interessanter Aspekt verbirgt sich hinter dem Begriff der Selbstorganisation. Wie der Name schon sagt, beschäftigt sich diese Disziplin mit Systemen, die sich selbst organisieren – und zwar nicht bewusst, sondern unbewusst. Erinnern Sie sich an Ihren letzten Konzertbesuch und an das rhythmische Klatschen des Publikums vor oder nach dem Auftritt der Band? Meist sind zunächst verschiedene Klatschrhythmen von verschiedenen Gruppen zu hören, eine setzt sich schließlich durch. Welche das ist, ist nicht vorhersehbar. Abstrakter ausgedrückt: Zunächst breiten sich neue Strukturen in Ansätzen aus und setzen sich ab einem gewissen Zeitpunkt durch, um dann das gesamte System zu bestimmen.

Wir finden diese Phänomene in allen komplexen Systemen: Beispielsweise stürzen sich die Medien plötzlich alle auf ein Thema und lassen andere Themen, die objektiv betrachtet einen höheren Nachrichtenwert haben, außer Acht. Die gute Stimmung im Team schlägt nach einem eigentlich unbedeutenden Konflikt zwischen zwei Teammitgliedern plötzlich und radikal um. Sie hören im Vorbeigehen einen Fremden sagen, dass er wieder Sport macht – und greifen abends zum Hörer, um Ihre alten Sportkollegen anzurufen. Bei einem geschäftlichen Termin hören Sie laut Bremsen quietschen und erwähnen in diesem Zusammenhang den letzten Urlaub in Tokio – und entdecken eine gemeinsame Leidenschaft.

Solche Begebenheiten lassen sich nicht vorausberechnen. Kleine Ursachen können überraschende Wirkungen haben und das gesamte System beeinflussen. Ein Gespräch kann kippen.

Eine Mode setzt sich durch, die zu Beginn keiner ernst genommen hatte. Einzelne Ereignisse lassen die Aktienkurse drastisch fallen. Oder das Beispiel des Meteorologen und Chaosforschers Edward Lorenz: Der Flügelschlag eines Schmetterlings in Brasilien kann einen Tornado in Texas auslösen.

Herbert Aly hat als Ingenieur und Vorstand einer Werft naturgemäß ein großes Faible für alles Berechenbare. Und trotzdem ist sein Credo bei allen Entscheidungen: «Nichts Wahres lässt sich über die Zukunft wissen!» Auch wenn die besten vom Fach eine Markteinschätzung vornehmen oder Experten eine Strategie entwickeln – nie werden sie die Zukunft mit ausreichender Verlässlichkeit vorhersagen können.

Die Schwankungen auf dem Schiffbaumarkt in den letzten Jahren, unter anderem im Zuge der Finanz- und Wirtschaftskrise, machen Alys Grundhaltung verständlich. Trotz aller Trendforschungen gibt es immer wieder überraschende Entwicklungen, auf die man als Unternehmen keinen Einfluss hat. Beispielsweise entstehen durch Subventionen in anderen Ländern neue Konkurrenten, die den Weltmarkt verändern. Das Marktsegment Mega-Yachten entwickelt sich erst rasant – und bricht nur wenige Jahre später mit gleicher Geschwindigkeit wieder ein.

Dennoch machen sich Aly und sein Team Gedanken über die Zukunft und entwerfen Szenarien. Teilweise arbeiten sie intensiv daran, gerade dann, wenn sich die Situation auf dem Weltmarkt so rapide verändert wie in den letzten Jahren. Aber er behält dabei immer im Kopf, dass es im Alltag trotz aller Planung einer Offenheit bedarf, um auf zufällige Ereignisse reagieren zu können, seine Strategie und konkrete Maßnahmen flexibel anpassen zu können.

Das richtige Verhältnis von Zu-Tun und Zu-Fall zu finden, ist notwendig, um die Ziele zu erreichen. Im Hauptteil des Buches erfahren Sie, was Sie tun können, um dem Zufall eine Chance zu geben.

Chancen erzeugen, erkennen und verfolgen

Erfolgsstrategien gibt es viele. Die Kunst besteht darin, die jeweils auf die Situation oder Person passenden Konzepte zu finden und in die Tat umzusetzen. Bei allen Strategien sollten Sie aber bedenken, dass es zufällige Ereignisse gibt. Auch diese können Sie bei der Erreichung Ihrer Ziele und der Realisierung Ihrer Werte und Visionen unterstützen. Damit das gelingt, ist gekonntes Chancenmanagement erforderlich. Das Kernprinzip des Chancenmanagements teilt sich in drei Bereiche:
— erstens: Chancen in großer Vielfalt erzeugen
— zweitens: Chancen erkennen und sorgfältig auswählen
— drittens: Chancen nachhaltig verfolgen

Chancen erzeugen Sie in einer großen Vielfalt, indem Sie Kontakte zu anderen Menschen in unterschiedlicher Tiefe pflegen, Ihre Kompetenzen systematisch und spielerisch erweitern und auf der Basis dieser Anregungen kontinuierlich neue Ideen erzeugen. Diese Ideen sollten frei von Bewertungen und Praktikabilitätsüberlegungen sein.

Chancen erkennen Sie durch Reflexion und Intuition beziehungsweise das Bauchgefühl. Analysen und Anregungen anderer Menschen spielen zusammen mit dem Bauchgefühl und machen es zu einem wirksamen Instrument. Mit diesem erkennen Sie Chancen, die sowohl Ihren Bedürfnissen entsprechen als auch auf positive Resonanz des jeweiligen Umfeldes stoßen werden.

Chancen verfolgen Sie nicht nur kurzzeitig, sondern über einen längeren Zeitraum. Es gilt also, nicht aufzugeben, auch wenn sich auf dem Weg die Verhältnisse ändern. Für diese Zeit ist es typisch, neue Erfahrungen zu machen. Es ist wichtig, dass Sie frei sind, Ihre Entscheidungen jederzeit zu korrigieren und Ziele anzupassen. Ist das gegeben, können Sie die eigenen Ideen in Einklang mit den eigenen Ressourcen bringen und so umsetzen. Ist ein Team am Verfolgen der Chance beteiligt, sollte es so aufgestellt sein, dass es die Herausforderungen der innovativen Unternehmung ernsthaft trägt.

«Chancen erzeugen», «Chancen erkennen» und «Chancen verfolgen» – das klingt nach einer chronologischen Abfolge von Tätigkeiten. In der Praxis werden Sie aber die verschiedenen Komponenten dieser drei Schritte auch parallel anwenden. Deshalb wird es hilfreich sein, sich im Rahmen Ihres Chancenmanagements Schwerpunkte zu setzen und sich auf einzelne Aspekte zu fokussieren.

Welcher Bereich Ihnen am besten liegt und welcher Sie am meisten Anstrengung kostet, ist eine Frage des Wissens, der Erfahrungen und der Persönlichkeit.

Hans-Georg Häusel hat ein Persönlichkeitsmodell entwickelt, das sehr gut zu den Anforderungen des Chancenmanagements passt. Er geht davon aus, dass das menschliche Handeln auf drei Komponenten beruht: der Stimulanz, der Dominanz und der Balance. Diese drei so genannten limbischen Instruktionen beschreibt er in seinem Buch «Think Limbic!» In ihren Anteilen sind sie bei jedem Menschen unterschiedlich stark ausgeprägt. Je nach Ihrer Persönlichkeit werden Sie sich bei der Umsetzung einer Komponente leichter tun als bei einer anderen. Für das Erzeugen von Chancen ist die Stimulanz-Instruktion von Vorteil. Sie lässt Sie nach neuen, unbekannten Reizen suchen, befiehlt, die Abwechslung zu suchen und Langweile zu vermeiden.

Beim Erkennen und Bewerten von Chancen kommt die Balance-Instruktion ins Spiel. Sie sorgt für Sicherheit und Stabilität und schützt dadurch die persönlichen Ressourcen.

Das Verfolgen von Chancen wird gestützt durch die Dominanz-Instruktion. Sie hilft Ihnen, sich durchzusetzen, die eigene Autonomie zu wahren, Macht zu vergrößern und ganz allgemein aktiv zu sein.

Diese Einteilung soll nicht darüber hinwegtäuschen, dass Sie in jedem Bereich des Chancenmanagements immer auch Anteile der anderen benötigen. Aufgrund ihrer jeweiligen Veranlagung gehen die Menschen aber verschieden mit den Instrumentarien des Chancenmanagements um. So ist es Ihnen vielleicht beim Lesen über die drei oben genannten Instruktionen aufgefallen, dass Sie in einem stärker, in einem anderen schwächer sind.

Eine ausgeprägte Stärke in einem Bereich bedeutet eigentlich immer automatisch eine Schwäche in einem anderen. Deshalb kann man sagen, dass es keinen Menschen ohne Defizite gibt. Statt deshalb demotiviert zu sein, sollten Sie sich vielmehr motiviert fühlen, auch im schwächeren Bereich aktiv zu werden. Gehen Sie auf Entdeckungsreise, vergessen Sie jeglichen Perfektionsanspruch an sich selbst und sammeln Sie neue Erfahrungen. Machen Sie sich ganz ohne inneren Druck auf die Spuren neuer Chancen. Sie werden sich mehr und mehr ergeben, wenn Sie in Aktion treten.

Es ist hilfreich, mit den eigenen Defiziten humorvoll und verständnisvoll umzugehen. Die folgende Tabelle gibt Ihnen eine Übersicht über die unterschiedlichen Chancenmanagementtypen. Suchen Sie sich beherzt Ihre «Schublade» aus, stehen Sie zu Ihrer einzigartigen Persönlichkeit und erfreuen Sie sich an der Entdeckung des Neulands!

Typische Verhaltensmuster		Chancen	
	erzeugen	erkennen	verfolgen
Auf der Zielgeraden aufgeben	+	+	-
Immer wieder mit Energie in die falsche Richtung	+	-	+
Aus viel zu wenig das Letzte herausholen	-	+	+
Viel Lärm um nichts	+	-	-
Im eigenen Saft schmoren	-	+	-
Verbissen nach dem eigenen Strohhalm greifen	-	-	+
Typische Ausrede, wenn es in dem jeweiligen Bereich nicht klappt	Die anderen hatten bessere Startbedingungen!	Das konnte man so einfach nicht erkennen!	Bei den Widerständen wäre jeder machtlos!

In der Tabelle finden Sie die möglichen Stärken-Schwächen-Ausprägungen. Je nach Verteilung Ihrer Stärken und Schwächen können sich typische Verhaltensmuster ausprägen. In der letzten Zeile finden Sie typische Ausreden, die bei einem Defizit in einem der Bereiche genutzt werden, um zu vermeiden, sich die eigene Schwäche eingestehen zu müssen. Die Tabelle ist ein wenig pointiert und sicherlich zu pauschal, um ein differenziertes Verhaltensmuster zu beschreiben. Aber zur schmunzelnden Erläuterung des Modells «Chancenmanagement» eignet sie sich durchaus.

Damit Sie diese Tabelle für sich selbst anders ausfüllen können, biete ich Ihnen in den drei Teilen des Chancenmanagements eine Fülle von Anregungen, an welchen Schrauben Sie drehen können, um dem Zufall eine Chance zu geben. Die Interviewpartner geben Ihnen kleine Einblicke in ihre jeweiligen Stärken. Sie können sich davon beherzt eine Scheibe abschneiden und so Stück für Stück Ihr eigenes Repertoire erweitern.

TEIL 1: Chancen erzeugen – Hinter den eigenen Horizont

Ich habe mir neulich auf einer Party den Spaß gemacht, glücklich wirkende Paare zu fragen, wie sie sich kennen gelernt haben. Ich wollte Tipps gewinnen für einen alleinstehenden Freund, der seine Traumfrau sucht. Ich kann Ihnen dieses Experiment nur empfehlen: Es ist sehr unterhaltsam. Vorausgesetzt natürlich, Sie leben schon in einer glücklichen Partnerschaft. Sonst wird es wahrscheinlich sehr ernüchternd werden. Das eine Paar lernte sich auf einer Reise auf einem Berg in Südamerika kennen – an einem Ort, an dem vielleicht alle zwei Tage einmal ein Mensch vorbeikommt. Bei einem anderen Paar wohnte er zur Untermiete und lernte in der Vermieterin seine Traumfrau kennen.

Eine Frau traf ihren zukünftigen Ehemann auf einer Party. Sie war in einer ihr fremden Stadt und lief zufällig einer alten Freundin über den Weg. Die nahm sie spontan mit auf die besagte Feier – die diese Freundin aber nur deshalb aufsuchte, weil ihre ursprüngliche Verabredung für einen Wochenendausflug krank geworden war. Sollte ich nun meinem Freund raten, auf eine Reise zu gehen und einen einsamen Berg zu besteigen, in eine fremde Stadt zu reisen oder sich ein Zimmer zur Untermiete zu suchen? Der Zufall spielte in allen Geschichten eine so große Rolle, dass es keinen Zweck hatte, allgemeine Tipps aufzustellen. Sie würden wahrscheinlich von ähnlich vielen Zufällen hören, wenn Sie unglücklich dreinschauende Paare befragen. Aber ich fand es für meinen Abend auf der Party angenehmer, die glücklichen zu fragen.

Wir wissen nur von wenigen Ereignissen, die uns in Zukunft beeinflussen werden und auf welche Weise dies geschehen wird – welche Menschen wir treffen werden, welche Gelegenheiten sich bieten oder welche Synergien sich entwickeln werden. Noch weniger können wir heute die Folgen, die sich daraus ergeben werden, abschätzen.

Wer Neuem gegenüber aufgeschlossen ist, kann zufällige Ereignisse für sich nutzen. Er hat zwar keine Sicherheit, was seine Zukunft betrifft, erhöht jedoch die Chancen auf positive Entwicklungen, da er Chancen erkennen und für sich nutzen kann. Das klingt nach einem Aus für das Karrieremotto: Wer sich Ziele setzt, den Weg dorthin definiert und eisern beschreitet, wird erfolgreich sein. Und so ist es auch gemeint. Es gibt keine Garantien dafür, dass das Geplante oder Erwartete eintritt. Daraus ergibt sich eine weitere Konsequenz: Ihre Aktivitäten sollten Sie unverkrampft, entspannt, neugierig und gelassen angehen, um mit offenem Blick die Chancen erkennen zu können, die sich plötzlich ergeben. Denn diese liegen nun mal oft am Wegesrand und werden leicht übersehen.

Wenn man sich Lebensläufe verschiedener Menschen ansieht, wird deutlich, dass der Zufall bei jedem eine bestimmende Rolle gespielt hat. Wie das Besteigen eines einsamen Gipfels, das in einer neuen Partnerschaft mündete, die wiederum eine Fülle von neuen Gelegenheiten bereithält. So gesehen entstehen ständig neue Welten im eigenen Leben. Neue Welten, in denen wiederum eine Vielfalt an neuen Kontakten, Netzwerken und Ereignissen wartet. Wer gelassen ist, schafft Raum für das Entstehen neuer Strukturen, neuer Netzwerke oder allgemeiner gesprochen, neuer Wirklichkeiten und Wahrheiten.

Dieses Kapitel beleuchtet, welche Unternehmungen Sie angehen können, um den Zufall einzuladen. Die Gelassenheit wird Ihnen dann leichtfallen.

Zufallsgenerator Mensch

Die richtigen Menschen zu kennen, sei ein Schlüssel zum Erfolg, heißt es. Aber wer sind «die richtigen Menschen»? Der Schulfreund, den ich nach zehn Jahren treffe und der jetzt in der gleichen Branche arbeitet und mir zu meinem neuen Job verhilft? Der Mentor, der mich über Jahre gefördert hat und dessen Anregungen ich jetzt als Unternehmer in die Tat umsetzen kann? Der Punkt ist, dass ich immer erst im Nachhinein weiß, wer die wichtigen Menschen waren. In die Zukunft lässt sich nur schwer blicken, eben weil nichts bis ins letzte Detail planbar ist. Es ist wichtig, dass das eigene Netzwerk eine gewisse Größe hat. So kann es als Zufallsgenerator fungieren und es kommen immer wieder Kontakte zum Vorschein, die einen in der jeweiligen Situation voranbringen.

Das magische Puzzle und der Nutzen von Netzwerken

Erinnern Sie sich noch daran, wie Sie als Kind gepuzzelt haben? An diesen schönen Moment, wenn Sie das letzte Teilchen ins Bild einfügten? Und an den Weg? Am Anfang hatten Sie kaum einen Überblick, nur viele Teile vor sich liegen, es war ein Probieren und bisweilen auch ein systematisches Durchsuchen der

Teile. Erinnern Sie sich daran, dass Sie erst den Rand gelegt haben, weil die entsprechenden Puzzleteile an der glatten Seite einfach zu erkennen waren? An das Aufbauen der signifikanten Motive, die sich gut von den unstrukturierten Flächen unterscheiden ließen?

Wenn man sich manche Erfolgsgeschichten anhört, drängt sich der Eindruck auf, das Leben funktioniere genauso. Der erfolgreiche Mensch habe sich konsequent Teilerfolg für Teilerfolg erarbeitet und zusammengefügt, bis er schließlich am Ziel angekommen sei.

Doch das Leben ähnelt eher einem magischen Puzzle: Es beginnt damit, dass die Puzzlesteine des Lebens nicht von Beginn an vollständig sind. Sie finden sie eher einzeln und zufällig an unterschiedlichen Orten, aber nicht gesammelt in einer Schachtel. Die Steine verschwinden manchmal spurlos und andere entstehen aus dem Nichts. Manche vermehren sich auf seltsame Weise. Und auch die Formen der Puzzlesteine sind Veränderungen unterworfen. Gestern passten die zwei Steine noch zusammen und heute klappt es nicht mehr. Und andersherum fügen sich einige Steine zusammen, die gestern noch unvereinbar schienen. Und die Vision, das Motiv des Puzzles? Nun, Sie ahnen es sicherlich schon. Auch dieses ist Veränderungen unterworfen. Zu Beginn des Spiels mag es eine vage Vorstellung geben, doch diese verändert sich; Bilder, die Sie schon passend zusammengesetzt haben, bekommen plötzlich neue Details. Der Rand wird unvermittelt offen für neue Teile, die das Bild in ungeahnte Bereiche erweitern.

Das magische Puzzle spiegelt recht gut Entwicklungsprozesse des Lebens wider. Ziele verändern sich, neue Chancen entstehen, Beziehungen und Rahmenbedingungen verändern sich. In diesem dynamischen Umfeld müssen wir jeden Tag aufs

Neue unsere Möglichkeiten ausloten, neue Wege suchen, Bausteine neu zusammenzusetzen und entwickeln.

Wichtige Puzzleteile in unserem Leben sind Kontakte zu anderen Menschen. Durch sie entstehen viele neue Chancen.

Dass Networking in den letzten Jahren eine immer größere Rolle spielt, hängt natürlich mit den Veränderungen in unserer Gesellschaft zusammen. Wer heute berufstätig ist, wird nicht von der Ausbildung bis zur Pension im selben Unternehmen auf selber Position verbleiben. Vielmehr ändern sich seine Arbeitsbereiche, seine Arbeitsorte und -stellen. Weiterhin kommt es zu einer zunehmenden Individualisierung, die gleichzeitig mit einer höheren Zahl loser Kontakte einhergeht, was man an den sozialen Netzwerken im Internet gut beobachten kann. Eben weil man nicht auf Dauer in ein und dieselbe Gemeinschaft eingebettet sein wird, braucht man viele Kontakte. Man weiß heute noch nicht, wohin man sich morgen beruflich entwickeln wird. Gerade wenn Brüche, Wechsel oder Neuorientierungen anstehen, erweisen sich Kontakte im Job oder im Privatleben oft als Schlüssel zu neuen Möglichkeiten.

Manche Menschen sind in diesem Bereich Naturtalente und haben ein umfangreiches persönliches Netzwerk, das sie gerade in Umbruchs- und Krisenphasen gut unterstützt. Andere sind in dieser Disziplin nicht so begabt, können ihre Fähigkeiten aber durch Training verbessern. Wer gut netzwerken kann, versteht es, eine für seine persönliche Situation gute Mischung aus Quantität und Qualität seiner Kontakte aufrechtzuerhalten. Es ist die Mischung aus vielen losen und einigen sehr belastbaren Kontakten, die für die eigene Entwicklung einen günstigen Rahmen bietet.

Wenn Sie ein Puzzle zusammensetzen, haben Sie nur einen oder wenige Steine in der Hand, die Sie legen werden. Viele weitere liegen am Rand. Ähnlich ist es beim Netzwerken: Es wirkt sich günstig auf die eigene zukünftige Entwicklung aus, wenn Sie zu mehr Menschen Kontakt haben, als Sie im Moment benötigen. Kontakte auf Vorrat gewissermaßen, aus denen sich die Schätze der Zukunft entwickeln können.

Sie können nicht alle Kontakte nach demselben Maßstab messen. Einige bleiben flüchtig und unbedeutend, andere wiederum entwickeln sich zu Schlüsselkontakten. Auch das ist meist nicht beim ersten Zusammentreffen vorhersehbar. Finden Sie das für Sie persönliche Optimum: Durch zu wenige Kontakte verzichten Sie auf wichtige Chancen. Zu viele Kontakte rauben Ihnen Zeit und Energie für andere wichtige Dinge in der Gegenwart. Über das richtige Maß später mehr.

Ohne Erwartungen

Vor einigen Jahren sind mir zwei wichtige Kunden abgesprungen. Dass dies nicht an der Qualität meiner Arbeit lag, war damals kein Trost. Die empfindliche Delle in der Umsatzkurve traf mich ins Mark und löste die typische Existenzangst des Selbstständigen aus. Meine Vertriebshormone sprangen also an und setzten mich mächtig unter Druck, mein Netzwerk zu bearbeiten, um neue Aufträge zu generieren. In dieser Phase war ich auf einer Veranstaltung der Handelskammer bei einem interessanten Vortrag mit anschließendem Austausch bei Häppchen und Getränken. An einem Stehtisch kam ich ins Gespräch mit der Leiterin der Personalabteilung eines Hamburger Unternehmens. Was für eine Chance! Das passte ja perfekt. Aber leider wandte sie sich innerlich bereits einem anderen Gast zu und unser Gespräch neigte sich rapide dem Ende entgegen. Jetzt oder nie galt es, die Visitenkarten auszutauschen, um in Kontakt zu bleiben. Mir steckt heute noch in den Knochen, wie unbeholfen ich sie damals fragte, ob wir unsere Karten austauschen wollen. Während des Small Talks fühlte ich mich noch ganz wohl, aber nun schlug meine Angst voll durch, meine Umsatzdelle strahlte aus allen Poren und meine Frage kam wohl eher bettelnd rüber als freundlich und neugierig. Jedenfalls ist aus dem Kontakt nie etwas geworden. Ich konnte es ihr nicht übel nehmen, denn wer will schon mit einem Coach zusammenarbeiten, dessen mangelnder Erfolg gut sichtbar wie ein Damoklesschwert über ihm schwebt. An meinen Wortlaut kann ich mich nicht mehr erinnern. Nur noch an mein Gefühl. Und das strahlte nicht gerade Selbstvertrauen, Kompetenz und Erfahrung aus.

In den letzten Jahren ging es vielen Unternehmen wegen der Finanz- und Wirtschaftskrise nicht gut, so auch einem meiner Kunden aus der Finanzbranche. Als die Umsätze zurückgingen, war die Maxime für den Vertrieb schnell gefunden: Wenn wir jetzt nicht richtig Gas geben, alle maximalen Einsatz zeigen, drohen ernsthafte Konsequenzen für das Unternehmen und letztlich für jeden Einzelnen im Vertrieb, denn ohne Umsatz keine Arbeitsplätze. Damit war klar, wo der Hammer hing.

Es ist eins der vielen Beispiele aus meiner Beratungspraxis, das zeigt, wie Druck sowohl eine positive als auch eine negative Wirkung entfalten kann. Einige Verkäufer konnten durch die klare Ansage weitere Energien mobilisieren und sich noch stärker auf schnelle Abschlussmöglichkeiten fokussieren. Andere aber gingen mit einem Druck zum Kunden, der ihnen auf die Stirn geschrieben stand, der das Image des Unternehmens schädigte und Abschlüsse verhinderte.

Es galt also, den Druck in die richtigen Bahnen zu lenken. Bereiche, in denen mehr Energie sinnvoll und zielführend war, waren das Optimieren der Vertriebsunterlagen, das Finden weiterer Kundenpotenziale, die Erhöhung der Zahl der Kundengespräche. Das Kundengespräch selbst hingegen wurde von dem Druck befreit. Mehr Wachsamkeit für Verkaufsmöglichkeiten und mehr Konzentration in den Gesprächen waren sinnvoll, Dollarzeichen in den Augen hingegen kontraproduktiv. Sicherlich werden Sie schon mal einem Verkäufer begegnet sein, der unter Druck stand, Ihnen etwas zu verkaufen. Und Sie werden sich vielleicht erinnern, welche Reaktion das bei Ihnen ausgelöst hat. Mitleid ist da noch die für den Verkäufer günstigste Variante. Zum Erfolg jedenfalls führen solche Gespräche eher nicht. Der Druck zerstört das Vertrauen des Kunden in eine ehrliche Beratung seitens des Verkäufers.

Wenn Sie neue Kontakte knüpfen, besteht also die Kunst darin, eigene unangemessene Erwartungen als solche zu erkennen und abzuschalten. Der Kontakt benötigt einen geschützten Raum, in dem er eine Chance hat, sich zu entwickeln. Gerade neue Kontakte sind eher scheue Gesellen, die wenig belastbar sind. Es verhält sich mit ihnen wie bei einem kleinen Keim, aus dem sich später *vielleicht* ein tragender Baum entwickelt.

Peer Schmidt-Ohm ist Inhaber und Geschäftsführer einer Werbeagentur. Er kommt schnell in Kontakt mit anderen Menschen, hat ein sehr großes Netzwerk und weiß in seiner Branche und an seinem Standort gut Bescheid. Ich habe Schmidt-Ohm gefragt, wie er dieses große Netzwerk erhält und ausweitet. Der zentrale Punkt für ihn ist, frei zu sein von Erwartungen an die Menschen, die er kennen lernt. Das war für ihn nicht von Anfang an so klar, sondern hat sich über die Jahre aus vielen Erfahrungen herauskristallisiert und ist zum Schlüsselfaktor geworden. Damit bekommen die neuen Kontakte genau den Stellenwert, der für sie angemessen ist. Mit dieser Einstellung wird auch die Neugier auf neue Menschen, interessante Geschichten und persönliche Erfahrungen befriedigt. Gleichzeitig werden neue Kontakte nicht überlastet durch eigene Erwartungen, Hoffnungen, Wünsche und Sehnsüchte. So wird jeder Kontakt für ihn zu einem individuellen Erlebnis, das im Hier und Jetzt seine Bedeutung hat. Ob sich daraus eine längere persönliche Beziehung oder eine Arbeitsbeziehung entwickelt oder nicht, hat für den ersten Kontakt keine Bedeutung.

Platz da, jetzt komm ich!
Freuen Sie sich schon voll und ganz auf die nächste Veranstaltung, bei der Sie neue Menschen kennen lernen können? Oder kennen Sie das Gefühl, wenn die Aufregung und Nervosität bei einer bevorstehenden besonderen Begegnung auch mal über das normale Lampenfieber hinausgehen? Es gibt viele Menschen, die sich bei solchen offenen Kommunikationssituationen nicht ganz wohlfühlen in ihrer Haut.

Ich arbeitete mit einem Marketingspezialisten, der sich bei einem Vortrag vor über hundert Fachleuten pudelwohl fühlte. Als er dann aber am Wochenende auf einer Party eingeladen war, auf der er niemanden außer dem Gastgeber kannte, wurde er nervös und unsicher und wusste nicht so recht, wie er sich in Gespräche einklinken sollte. Er fühlte sich wie ein kleiner schüchterner Junge – und dieses Gefühl hatte so gar nichts mit seiner Souveränität im gewohnten beruflichen Umfeld zu tun. Keiner der über hundert Zuschauer des Marketingvortrages hätte wohl vermutet, dass der selbstbewusste Redner sich auf einer privaten Feier unsicher zeigen könnte.

Unser Wohlbefinden und damit auch unser Selbstbewusstsein hängt von der Situation ab, in der wir uns befinden, und davon, welche Erfahrungen wir mit ihr verbinden. Diese sind individuell.

Heiko Ernst, Diplom-Psychologe und Chefredakteur der Zeitschrift «Psychologie heute», schreibt in der Ausgabe «Psychologie heute compact» zum Thema «Die Macht der Gefühle», dass sowohl positive als auch negative Gefühle unser Kommunikationsverhalten verändern. Positive Gefühle machen offener, freier, zugänglicher und integrativer. Negative Gefühle hingegen engen unsere Wahrnehmung ein. Das führt dazu, dass wir in einfachen Schubladensystemen denken wie gut und böse, freundlich und unfreundlich oder Zustimmung und Ablehnung.

Was also tun, wenn man sich in seiner Haut nicht ganz wohlfühlt? Ich selbst war ein eher schüchterner Junge und habe gegen Ende meiner Schulzeit das Theaterspielen entdeckt. Auf der Bühne war ich alles andere als schüchtern. Sehr zum Erstaunen einiger Freunde, die diese Metamorphose nicht so recht nachvollziehen konnten. Der Schlüssel waren die klare Rolle und die Texte, die mir durch den Rahmen des Theaterstücks zugewiesen worden waren.

Ein Small Talk unterscheidet sich deutlich von Gesprächen mit bekannten Freunden und Geschäftspartnern, denn es sind weder der Ablauf noch die Inhalte vorgegeben. Aktiv eine Rolle einzunehmen, die der offenen Situation des Small Talks entspricht, kann Ihnen helfen, die Komplexität des Kontaktes deutlich zu reduzieren. Es geht nicht darum, vorzugeben, jemand zu sein, der Sie nicht sind. Sie sind nie nur ganz Sie selbst. Ihr Fühlen und Verhalten hängen immer von der Situation ab, in der Sie sich befinden, und davon, mit wem Sie Zeit verbringen. Dabei nimmt man nun mal immer eine Rolle ein und es ist sinnvoll, in die jeweilig passende zu schlüpfen. Kurz: Definieren Sie je nach Situation die Rolle für sich, in der Sie sich wohlfühlen.

Klären Sie zunächst für sich, welche Erwartungshaltung Sie an sich selbst haben. Ungünstig wären beispielsweise folgende Erwartungen: «Ich kann im Handumdrehen neue Gesprächspartner für mich gewinnen!», «Ich habe eine echte Erfolgsstory, die alle begeistern wird!», «Ich werde heute mindestens drei neue interessante Kontakte knüpfen!» Solche oder ähnliche Einstellungen sind eher geeignet, sich unter Druck zu setzen, als zu stärken. Natürlich ist es großartig, wenn diese Wünsche eintreffen. Aber was, wenn nicht? Die Gefahr, dass solche eher oberflächlichen Ziele Ihnen nicht helfen, ist relativ hoch. Unterschätzen Sie den Widerstand des eigenen Unterbewusstseins nicht. Daher bedarf es einer ausgeklügelten Methode, die sich am Bild der Rolle hervorragend erklären lässt.

Wenn Sie die Bühne des Netzwerkens betreten, ist es Teil Ihrer Rolle, ein wenig von sich zu erzählen und ein wenig von anderen Menschen aufzunehmen. Und zwar gänzlich ohne Leistungsdruck, ohne Rivalität und ohne Erwartungen. Das bedeutet auch, dass das, was hinter der Bühne und vor und nach der Vorstellung passiert, zunächst gar keine Rolle spielt. Dann kann eine Gelassenheit entstehen, die von innen kommt, die andere als angenehm empfinden und die befreit vom Erwartungsdruck. Vielen hilft auch die Einsicht, dass andere ähnlich unsicher sind wie sie selbst.

Dem Marketingleiter ermöglichte diese Betrachtung eine Freiheit, die ihn, von der Anerkennung anderer unabhängig, zunächst offener auf die Partygesellschaft zugehen ließ. Er brauchte nur ein bisschen von sich zu erzählen oder von Dingen, die ihm gerade durch den Kopf gingen. Und er hörte zu und lernte etwas über andere Menschen. Alles andere spielt zunächst keine Rolle. Beispielsweise ob jemand anders vielleicht noch kompetenter im Marketing ist. Ob er oder sie ihn nett findet. Ob die Gespräche interessant sind. Ob der Abend eine Bereicherung für ihn sein wird. Seine Rolle auf der privaten Feier ist also eine ganz andere als die des vortragenden Fachmanns. Für den Marketingleiter bedeutete dies ein Abschied von der Hoffnung auf Anerkennung, wie er sie von beruflichen Veranstaltungen gewohnt war.

Gefühlte Freiheit

Antje Gerstein vertritt die Bundesvereinigung der deutschen Arbeitgeberverbände gegenüber den Institutionen in Brüssel. In dieser Funktion ist sie auf europäischer Ebene nicht nur in Verhandlungen zwischen Arbeitgebern und Arbeitnehmern eingebunden, sondern muss auch permanent mit Akteuren der unterschiedlichsten Gesellschaftsgruppen und Nationalitäten kommunizieren. Zu ihren täglichen Aufgaben gehört es, Entscheider an einen Tisch zu holen, zu diskutieren und Lösungen zu finden. Der Small Talk gehört dabei ebenso zum täglichen Geschäft. Gerstein hat für sich über die Jahre einige Regeln entwickelt, durch die sie offen und frei von Ängsten auf dem internationalen Parkett agieren kann:

Zunächst ist sie sich bewusst, dass Netzwerkveranstaltungen künstliche Situationen sind, weshalb wir unsere «normalen» Verhaltensmuster nur begrenzt ernst nehmen sollten. Bestimmte Höflichkeitsgepflogenheiten beispielsweise, die im Umgang mit engeren Kontakten selbstverständlich sind, werden bei Netzwerkveranstaltungen teilweise aufgeweitet. Man hat eine große Freiheit, in Gespräche rein- und rauszugehen, eine große Freiheit bei der Gestaltung des Gesprächs. So können wir unser Verantwortungsgefühl für den Verlauf eines Gesprächs einfach abschalten.

Machen Sie sich frei von Erwartungen: Sie könnten sich sogar die Freiheit nehmen, dass es Ihnen wirklich egal ist, ob ein

Gespräch gleich ins Laufen kommt, ob die Themen für alle interessant sind und ob man die Gruppe mitten im Thema einfach wieder verlässt.

Engländer und Amerikaner sind Meister des Small Talks. Sie wissen um die Unverbindlichkeit von Aussagen wie die folgenden. «Hi John, I'm Cathrine, nice to meet you!» ist ein typischer, zwangloser Gesprächseinstieg. Mit einem «See you later!» fällt der Abschied nicht schwer, obwohl es fast nie ernst gemeint ist.

Gerstein achtet außerdem darauf, andere Gesprächspartner nicht abzuwerten. Das ist in diesem Umfeld gar nicht so einfach, wie es klingt, da es immer gegnerische Lager gibt. Seien es Arbeitgebervertreter und Arbeitnehmervertreter, die sich gegenüberstehen, oder verschiedene politische Parteien.

Dass sie allen Personen die gleiche Wertschätzung entgegenbringt, zahlt sich in den späteren Verhandlungen, und wenn um Details gerungen wird, aus.

Gerstein hat im Laufe ihrer internationalen Berufserfahrung dieses Rollenverständnis ausgeprägt. So kann sie heute im Einklang mit ihren Werten und Interessen den unterschiedlichen Netzwerk- und Verhandlungssituationen entspannt begegnen.

Dass beim Netzwerken oder im Umgang mit anderen Menschen Ängste auftreten können, ist sehr menschlich. Ängste sind eine zweischneidige Sache. Im richtigen Maße können sie positiv wirken wie beim Lampenfieber. Sie erhöhen die Aufmerksamkeit und erzeugen eine Anspannung, die eine positive Energie freisetzt. Werden die Ängste zu stark, wird aus der Aufmerksamkeit eine Lähmung und aus der Anspannung ein blinder Aktivismus. Dann ist es ratsam, einen Weg zu suchen, der diese Ängste auf ein gesundes Maß reduziert.

Wenn der Alarmpegel des limbischen Systems zu groß wird und innere Appelle wie «Stell dich nicht so an!», «Nun sei doch mal zuversichtlich!», «Ich bin toll und mir kann keiner!» nicht helfen, ist es sinnvoll, nach den Ursachen zu suchen. Wer darüber hinwegsieht, läuft Gefahr, dass sich das Unbewusste auf einem anderen Weg zu Wort meldet.

Insofern gilt es, zwei Schritte zu machen: Im ersten widmen Sie sich Ihren Widerständen und nehmen diese ernst. Im zweiten Schritt können Sie mit der so gewonnenen Freiheit nach positiven Glaubenssätzen suchen, mit denen Sie sich stärken. Zuerst die Akzeptanz der störenden Gefühle, ohne sich selbst für diese zu entwerten, und dann Raum für Alternativen, die der Situation und Ihren Stärken angemessen sind.

Zunächst geht es also um Selbstakzeptanz. Sie können sich etwa sagen: Auch wenn ich jetzt diese unangenehmen Angstgefühle habe, akzeptiere ich mich so, wie ich bin. Das hat einen doppelten Effekt. Sie hören auf, gegen die Angst zu arbeiten. Das ist sinnvoll, da die Angst oft am längeren Hebel sitzt. Außerdem schütten Sie Ihr Angstkind nicht gleich mit dem Bade aus. Denn nur weil Sie in dieser Situation Angst haben, ist dies noch lange kein Grund, Ihre ganzen anderen guten Eigenschaften und Stärken gleich mit zu entsorgen, was geschehen würde, wenn die Angst Oberhand gewinnen würde.

Im zweiten Schritt können Sie dann versuchen, sich auf positive Gefühle zu konzentrieren. Aber eben erst nach der Selbstakzeptanz, denn sonst stecken Sie nur Energie in einen inneren Kampf, der Sie wahrscheinlich nicht weiterbringt.

Im Coaching erarbeite ich mit meinen Klienten individuelle positive Bilder. Wichtig ist dabei natürlich, dass sie genau zu der

Person in der aktuellen Situation passen. Versuchen Sie, solch ein Bild für sich zu finden. In Anlehnung an die erwähnten Ausführungen von Heiko Ernst orientieren Sie sich dabei an den folgenden drei Gefühlen:

Das erste Gefühl ist die Freude. Suchen Sie nach etwas, über das Sie sich freuen können. Sei es auch ein noch so kleines Ereignis oder ein für andere unbedeutender Gegenstand. Freude bewirkt eine Aktivierung des Geistes. Sie macht spielerischer und gibt Ihnen die Möglichkeit, mit der nötigen Leichtigkeit in die neuen Kontakte zu gehen. Es geht nicht darum, sich im puren Positivismus auf erfreuliche Dinge zu konzentrieren. Ihr Unbewusstes würde Ihnen das wahrscheinlich nicht glauben. Vielmehr gesellt sich die Freude zu Ihrer Anspannung und Nervosität dazu und entlastet Sie davon, aber ohne dass Sie dafür die negativen Gefühle ignorieren müssten. Um das zu erreichen, formulieren Sie einen Satz, der auch Ihre Schwäche ernst nimmt, zum Beispiel: «Auch wenn ich etwas nervös und angespannt bin, freue ich mich trotzdem, dass sich heute weitere Kontaktmöglichkeiten ergeben könnten.» Vielleicht passt der Satz so nicht für Sie. Es könnte auch sein, dass Sie sich durch die Freude an dem neuen Kleid oder dem neuen Anzug, den Sie auf der Veranstaltung tragen, auf eine positivere Grundstimmung einlassen können. Oder dass Sie durch die Vorfreude auf das leckere Essen und den edlen Wein Ihre Konzentration auf eine positive Grundhaltung lenken können. Ihr eigener Satz wird vielleicht ähnlich oder anders lauten. Es gibt dabei kein Richtig oder Falsch, sondern nur ein Kraftvoll oder Schlaff. Mit ein wenig Fantasie und Hineinschauen in die eigene Psyche werden Sie sicherlich einen für Sie persönlich kraftvollen Satz finden.

Auch Zufriedenheit hat einen positiven und stärkenden Effekt. Sie erzeugt eine gewisse Selbstgenügsamkeit. Sie nimmt also den Druck, etwas zu beweisen, seine Leistungen anzupreisen und andere aktiv überzeugen zu wollen. Vielleicht haben Sie an anderen Menschen schon mal erlebt, dass diese so eigenartig unter Druck sind, zu schnell reden, einen missionarischen Eifer entwickeln. Zufriedenheit kann hier das richtige Maß an Entspannung liefern und Sie zu einem ausgeruhten, offeneren und interessanteren Gesprächspartner machen. Konzentrieren Sie sich also auf die Aspekte in Ihnen, mit denen Sie zufrieden sind. Suchen Sie sich Momente heraus, in denen Sie ein solches Gefühl der Zufriedenheit erlebt haben, und nehmen Sie diese Grundhaltung mit in die neue Kontaktsituation. Ein Satz, der dann helfen könnte, würde etwa so lauten: «Auch wenn ich mich über meine Fehlentscheidungen der letzten Jahre richtig ärgere, bin ich doch zufrieden mit der grundsätzlichen Offenheit, mit der ich an die neuen Kontakte herangehe.»

Und schließlich kann der Fokus auf Ihre Interessen nützlich sein. Unser Interesse sorgt für einen beständigen Hunger nach neuen Erfahrungen und Geschichten. Es ist eine geeignete Grundhaltung gegenüber den Menschen, denen Sie begegnen. Es hilft, die Schubladeneinordnung der ersten Sekunden aufzuhalten und sich dem anderen zu widmen. Es lenkt auch ab von dem Gefühl, den anderen von sich überzeugen zu müssen. Seien Sie neugierig und gehen Sie fragend auf die Menschen zu. Fragen Sie nach Details, Erlebnissen, Meinungen und lassen Sie Ihre Interessen das Gespräch steuern. Der innere Satz könnte in diesem Fall lauten: «Auch wenn mir tausend Dinge durch den Kopf schwirren, die ich noch angehen muss in den nächsten Monaten, ich erlaube mir ein bisschen Interesse für die Menschen, denen ich gleich begegnen werde. Für ihre Geschichten, ihre Stimmungen, ihre Eigenarten und ihre Impulse.»

Versuchen Sie nicht, Ihre Ängste zu vernichten oder zu besiegen, sondern laden Sie sie einfach dazu ein, hinter der Bühne zu warten. Sie können sich ihnen nach der Aufführung widmen. Während Sie aber auf der Bühne stehen, konzentrieren Sie sich auf die Gefühle der Freude, der Zufriedenheit und auf Ihr Interesse an anderen Menschen.

Das ist gar nicht so schwer, wie es sich anhört, denn Sie müssen nur für einen überschaubaren Zeitraum eine emotionale Feinjustierung vornehmen. So kann für die Momente der Aufführung ein geschützter Raum entstehen, in dem Sie eine gefühlte Freiheit haben. Durch sie erfahren Sie Gelassenheit im Umgang mit bisher fremden Menschen.

Und was machen Sie so?

Stellen Sie sich vor, jemand fragt Sie: «Und was machen Sie so?» Was würden Sie antworten? Machen Sie diesen Test am besten gleich und mit einem Menschen Ihres Vertrauens. Er soll Ihnen die Frage stellen, dann ist die Gefahr zu schummeln nicht so groß. Wenn Ihre Antwort klar, geschmeidig und kurz gefasst aus Ihnen heraussprudelt, haben Sie den Test bestanden. Wenn Sie nicht genau wissen, wie Sie formulieren sollen, dann gilt es nachzubessern.

Es gab eine Zeit in meinem Leben, in der mir das Netzwerken besonders schwerfiel, obwohl ich es die Jahre zuvor intensiv betrieben hatte. Während des New-Economy-Booms war dieses Thema sehr wichtig. Als Unternehmensaspirant suchte man nach Investoren, die einem viel Geld gaben allein für ein Stück Papier und die Hoffnung auf die Entwicklung einer Idee zu einem florierenden Unternehmen. Oder zumindest zu einem Unternehmen, das man für deutlich mehr Geld an den nächsten Investor verkaufen konnte.

In dieser Zeit kam der Begriff «Elevator Pitch» im Deutschen auf. Die Idee: Sie steigen mit einem potenziellen Investor in den Fahrstuhl und haben von Etage ein bis vier Zeit (oder rund 30 Sekunden), ihn von Ihrer Idee zu überzeugen. Wie Sie sich sicherlich vorstellen können, ist es sehr schwer, in dieser Situation und so kurzer Zeit überzeugend zu präsentieren. Das liegt zum einen daran, dass die eigene Idee mit so vielen Details im eigenen Kopf herumschwirrt, dass es schwer ist, die wesentlichen Punkte herauszuarbeiten. Schwierig kann es auch sein, wenn man emotional so mit dem Thema verstrickt ist, dass man es nicht mit der erforderlichen Sachlichkeit präsentieren kann.

Nachdem der Boom der New Economy vorbei war, musste ich wieder von vorne anfangen. Ich hatte auf die harte Tour gelernt, was es heißt, dass mit großen Chancen auch große Risiken verbunden sind.

Wenn mich damals jemand fragte, was ich so mache, war die Sachebene einfach: freiberuflicher Coach und Trainer. Auf emotionaler Ebene aber schwangen weitere Themen mit: Weil ich gescheitert war! Im Homeoffice – weil ich mir kein Büro leisten konnte. Hier auf dieser Veranstaltung – weil ich neue Geschäftskontakte benötigte. Das waren meine weiteren Gedanken und damit einher ging das Gefühl, gescheitert zu sein – beides zusammen erschwerte es mir, unbedarft auf neue Menschen zuzugehen und Kontakte zu knüpfen. Gleichzeitig war ich motiviert, Gas zu geben und neue Kontakte aufzubauen.

Die intensive Arbeit am eigenen Elevator Pitch hilft dabei, wieder die sachliche Perspektive einzunehmen. Ziel soll es sein, eine Formulierung auszuarbeiten, die der eigenen Situation entspricht. Nehmen Sie sich Zeit, um eine stimmige und griffige Formulierung für Ihren Elevator Pitch zu finden, und feilen Sie so lange an ihr, bis sie perfekt ist. Achten Sie darauf, dass Sie Ihr Licht nicht unter den Scheffel stellen durch Aussagen wie: «Ich versuche mich gerade als Freiberufler selbstständig zu machen.» Hier sind ein zweifelnder Unterton herauszuhören und wenig Überzeugung von den eigenen Stärken.

Vermeiden Sie auf der andere Seite eine Übertreibung, die nicht authentisch ist, wie: «Ich bin der beste Coach der Welt.»

Wer sich gerade selbstständig gemacht hat und voller Energie ist, kennt dies gut: Die eigene Stimmung schwankt zwischen Allmacht und Ohnmacht. Die Arbeit am Elevator Pitch bringt einen in schwierigeren Situationen wieder auf den Boden der Tatsachen zurück und wirkt beruhigend.

Die zeitliche Investition lohnt sich besonders, wenn eine Reihe von Veranstaltungen bevorstehen. Verzweifeln Sie nicht, wenn Ihnen der Elevator Pitch schwerfällt und Sie stundenlang an ein paar wenigen Sätzen basteln. Sie werden sehen, dass sich Ihr Statement nach und nach herauskristallisiert. Durch die intensive Auseinandersetzung mit Ihrer Geschäftsidee bauen Sie schwächende Glaubenssätze und störende Gefühle ab. Die Veränderung findet in Ihrem Kopf statt und nicht nur auf Ihrem Notizblock. Und genau dafür lohnt sich der Prozess.

Und wenn Sie dann noch einen Schritt weiter gehen wollen, machen Sie sich eine lange Liste mit Ihren Angstfragen, also solchen, von denen Sie hoffen, dass sie Ihnen nicht gestellt werden. Überlegen Sie sich gute Antworten darauf und halten Sie diese schriftlich fest.

Sie ahnen es bereits? In dieser Disziplin wird es richtig sportlich! Freuen Sie sich also auf den gut trainierten Netzwerker in Ihnen.

Toleranz beim ersten Eindruck

Als Student bin ich mit einer Freundin in den Semesterferien durch Alaska gereist. Wie es damals üblich war, waren wir per Anhalter unterwegs. Man steht an der Straße und wartet. Und gerade in einer verlassenen Gegend wie Alaska wartete man damals sehr lange. Daher war die Versuchung groß, beim ersten Fahrer, der anhält, ins Auto zu springen. Hauptsache, wir kamen weiter, egal wohin und mit wem. Aber natürlich war uns auch ohne die warnenden Worte der Eltern klar, dass man nicht mit jedem mitfahren sollte. So hatten wir einen Trick entwickelt, mit dem wir unser Gegenüber schnell einschätzen konnten. Dieser Trick führte letztendlich dazu, dass wir einen netten Abend mit einem Mann verbrachten, der in seinem Auto zwei Gewehre hatte, dessen Hände blutig waren und dessen Antlitz eine perfekte Vorlage für ein Fahndungsfoto in einem Gangsterfilm geliefert hätte.

Wir gingen folgendermaßen vor: Sobald die Autotür aufging, fragten wir den Fahrer oder die Fahrerin, welches Ziel sie hatten. Diese plötzliche Frage kam für den Fahrer immer ein wenig überraschend, denn normalerweise würde man als Anhalter sagen, dass man nach XY möchte und fragen, ob man mitfahren kann. Auf diesen Gesprächseinstieg könnte der Fahrer mit einem kurzen Nicken antworten und unsere Möglichkeit, eine Einschätzung des Menschen zu bekommen, wäre sehr viel kleiner gewesen. Mit unserem Einstieg aber war der Fahrer gefordert, mehr von sich preiszugeben. Das gab unserer Intuition wertvolles zusätzliches Futter zur Beurteilung einer möglichen Gefahr, die eventuell von ihm oder ihr ausging. Außerdem ließ uns dieses Vorgehen die Möglichkeit offen, die Mitfahrgelegenheit freundlich abzulehnen – wir mussten nur sagen, dass wir in eine andere Richtung unterwegs waren.

Wir hatten vereinbart, dass wir uns abwechselten mit der Kontaktaufnahme an der offenen Tür und dass wir nur mitfahren würden, wenn wir beide unser OK geben. Interessant war, dass wir unabhängig voneinander immer die gleiche Einschätzung trafen. Unsere Menschenkenntnis hat uns nicht getäuscht. Sie war allerdings keiner besonderen Begabung geschuldet. Es ist vielmehr generell so, dass wir gar keine andere Wahl haben: Wenn wir neuen Menschen begegnen, beurteilen wir sie in wenigen Sekunden. Wie schlau ist die Frau, die gerade den Raum betritt, wie sympathisch ist der Mann, der mir gegenübersteht, wie glaubwürdig ist die Geschichte, die ich gerade erzählt bekomme, oder wie vertrauenswürdig ist der Fahrer, der hinter sich zwei Gewehre im Auto liegen hat und noch Blutspuren an den Händen? Im letzteren Fall war es ein nach dem ersten gemeinsamen Eindruck überaus sympathischer Farmer, der uns auf der Rückfahrt von der Jagd mitnahm und uns einlud, bei ihm zu übernachten, weshalb wir den eingangs erwähnten netten Abend mit ihm verbrachten.

Diese Fähigkeit der intuitiven, blitzschnellen Einschätzung von Menschen ist in vielen Situationen extrem hilfreich, nicht nur beim Trampen. Wir werden in jedem Moment mit gigantischen Mengen an Informationen konfrontiert und sind darauf angewiesen, diese zu filtern und zu einfachen Entscheidungshilfen zu verdichten. Ist diese Menschenmenge gefährlich? Soll ich mich neben diesen Menschen in der U-Bahn setzen? Kann ich mich hinter diese dunkle Hausecke wagen? So schützt uns also unsere Intuition vor unerwünschten Erfahrungen.

Aber diese Intuition hat auch ihren Preis, da sie auf frühere Erfahrungen zurückgreift und daraus eine Prognose für die Zukunft ableitet. Empfinden wir gegenüber einem Fremden Ablehnung, bedeutet dies, dass uns Menschen mit in Teilen ähnlichen Mustern in der Vergangenheit nicht guttaten. Die Gefahr des Irrtums liegt dabei auf der Hand. Im Nachhinein stellt sich manchmal heraus, dass unsere erste Einschätzung falsch war. Ein interessantes Beispiel dafür bringt der Autor Malcom Gladwell in seinem Buch «Blink! Die Macht des Moments». Er greift dabei zurück auf das Auswahlverfahren für das Orchester der Metropolitan Opera in New York. Die Kandidaten spielen seit einigen Jahren anonym vor: Die Jury kann sie nur hören, da die Musiker optisch durch eine spanische Wand von ihnen getrennt sind. Die Entscheider wissen so beispielsweise nicht, ob ein Mann oder eine Frau vorspielt. Seit dieses Verfahren vor 30 Jahren eingeführt wurde, hat sich der Anteil der Musikerinnen verfünffacht. Offensichtlich hatten die Juroren in den Jahren zuvor die Leistungen der weiblichen Bewerber allein aufgrund ihres Geschlechts negativer beurteilt. Manchmal ist das Urteil eben ein Vorurteil. Und Vorurteile hindern uns daran, neue Chancen aufzubauen – deshalb sollten sie beiseitegeschoben werden. Ob jemand zu Ihnen passt, Ihnen sympathisch ist oder helfen kann, stellt sich in der Regel erst später heraus. Und auch hier sind die Wege oft verschlungen und von Zufällen beeinflusst – von Faktoren also, die Sie nicht wirklich vorhersehen können.

Eine Bekannte, nennen wir sie aus Diskretionsgründen Paula, ist seit Jahren auf der Suche nach einem festen Lebenspartner. Unser Freundeskreis begleitet diese Suche mit Mitgefühl, Hilfestellung und, zugegeben, auch mit ein klein wenig Voyeurismus. Wir alle um Paula herum wissen bei jeder neuen Beziehung, dass es eigentlich nicht klappen kann. Schon wieder ein Mann, der für sie so typisch ist: leicht überheblich, auf kurzfristige Ablenkung aus und ihr eigentlich nicht gewachsen. Und wir fragen uns: Warum fällt sie schon wieder auf diesen Typ Mann herein? Klar, Sie wissen genauso gut wie ich, dass hier das Beuteschema wieder zuschlägt. Das Beuteschema, das uns oft in die Irre führt, ist aber eben leider ein sehr zäher Geselle und nur sehr bedingt lernfähig. Über den potenziellen Lerneffekt von zehn gescheiterten Beziehungen geht das Beuteschema gerne mal hinweg. Aber ich will mich gar nicht auf das Glatteis erfahrener Paartherapeuten wagen. Für mich macht das Beispiel deutlich, dass wir uns bei der Kontaktaufnahme mit neuen Menschen innerlich vielleicht nicht so frei bewegen und nicht so offen sind, wie es wünschenswert ist für eine offene Begegnung in beruflichen und privaten Netzwerken.

Egal ob Geschäftsempfang, Vernissage, eine private Feier oder der zufällige Kontakt unterwegs, wir nehmen uns Chancen, wenn wir andere Menschen zu schnell in unsere gewohnten und teilweise bewährten Schubladen einsortieren. Außer natürlich, Sie trampen durch Alaska. Lieber ein netter Kontakt weniger als eine unangenehme Erfahrung mehr.

Um also wirklich das Potenzial neuer Kontakte nutzen zu können, hilft es, sich gegenüber seinen ersten Einschätzungen in Toleranz zu üben nach dem Motto: Ich höre deutlich, dass ein Teil von mir diesen Menschen hier überheblich findet und bin dankbar für den Hinweis, der noch hilfreich sein kann. Aber im Moment stelle ich den Hinweis beiseite und schaue mal, ob sich noch weitere Facetten ergeben.

Wilhelm Alms ist Unternehmensberater. Wer ihn erlebt, gewinnt schnell den Eindruck, er sei bereits als eloquenter und wertschätzender Netzwerker auf die Welt gekommen. Über Jahrzehnte hat er in vielen Projekten die unterschiedlichsten

Menschen kennen gelernt. Dabei bestätigte sich für ihn immer wieder, dass Menschen in unterschiedlichen Situationen eine unterschiedliche Ausstrahlung haben. Ist die Situation gewohnt, ihre Rolle klar definiert und sie fühlen sich wohl, dann können sie andere Menschen für sich gewinnen. Haben sie aber einen schlechten Tag, sind von ihrer Rolle durch andere Probleme abgelenkt oder ist die Rolle undefiniert, dann entsteht ein verzerrtes Bild. Und so hat es sich Alms zur Regel gemacht, sein Urteil nie zu früh zu fällen – jeder, so sagt Alms, verdient eine zweite und dritte Chance. Das Schwarzweißdenken ist zwar verlockend und in seltenen Fällen auch hilfreich. Aber in der Regel versucht Alms, wie er sagt, sich den Verlockungen dieser Vereinfachungsmechanik zu entziehen. Die Menschen in seinem Umfeld danken es ihm, vom Pförtner bis zum Vorstand, vom Kollegen bis zum Kunden, vom Nachwuchsberater bis zum erfahrenen Senior.

Von losen Kontakten und festen Knoten – Kontakte und ihre Vertraulichkeitsstufen

Matthias Arndt, ein Galerist für internationale Gegenwartskunst, kommt mit vielen Menschen in Kontakt. Die Kontakte, die er sich im Laufe seiner Karriere aufgebaut hat, sind ein wichtiger Baustein für seinen Erfolg. Wie schon einige Male zuvor betritt er in der Kunstszene auch derzeit wieder Neuland mit einem neuen Beratungskonzept für Künstler. Einige Erfahrungen, die er in der letzten Zeit mit seinem Netzwerk machte, waren aber eher unangenehm. Manche Menschen, mit denen er in gutem Kontakt gestanden hatte, begegnen ihm nun mit kräftigem Gegenwind. Aus der Sicht des Marktes ist dieses Phänomen leicht zu erklären. Der eher konservative Kunstmarkt reagiert ganz typisch auf die Innovation von Arndt. Erst wird eine Innovation ignoriert, dann wird sie belächelnd abgetan, dann wird sie bekämpft und schließlich kopiert. Auf persönlicher Ebene aber hat die Situation eine andere Dimension. Was er im Moment erlebt, ist die Bekämpfung durch potenzielle Konkurrenten, die ehemals «Freunde» gewesen waren. Erwartungen, die man an bestimmte Beziehungen hatte, werden enttäuscht.

Um sich vor solchen Enttäuschungen besser zu schützen und seltener die Konsequenzen der falschen Erwartungen zu erleiden, kann es nützlich sein, das eigene Netzwerk mit verschiedenen Vertraulichkeitsstufen zu strukturieren. Dafür möchte ich Ihnen drei Stufen vorschlagen.

Sammeln Sie Begegnungen! Auf der ersten Stufe stehen kurze, gelegentliche Begegnungen mit völlig offenem Ausgang. Es handelt sich dabei um zwei lose Kontakte, die sich kurz berühren, aber nicht dauerhaft miteinander verbunden sind. Sie haben Kontakt zu Menschen, ohne irgendwelche Erwartungen an ein Geben und Nehmen, an Loyalität oder an Verlässlichkeit zu stellen.

Auf der zweiten Stufe werden die losen Kontakte zu festen Verbindungen. Sie sind dann, um im Bild zu bleiben, mit einer anderen Person über ein Seil verbunden. Dieses Seil ist das Symbol für die verbindende Gemeinsamkeit. Dies kann ein gemeinsames Projekt sein, ein gemeinsames Hobby oder Interesse. Darüber hinaus sollten Sie aber keine Erwartungen an die Person haben.

Und auf der dritten Stufe schließlich sind sie mit anderen Menschen über mehrere Seile fest miteinander verknotet. Wenn dann die Beziehung an einer Stelle belastet ist, gibt es weitere verbindende Knoten, die der Beziehung auch in schwierigen Zeiten Halt geben.

Die erste Stufe ist reizvoll, weil sie ermöglicht, mit ganz verschiedenen Menschen unverbindlich in Kontakt zu kommen. Mit dieser Freiheit im Hinterkopf fällt es sicherlich leicht, dem Gegenüber mit Toleranz zu begegnen. Wenn Sie also auf der nächsten Veranstaltung einen Finanzberater kennen lernen, der Ihnen fünf Minuten lang mit einem für Sie langweiligen Thema ein Ohr abkaut, dann sortieren Sie für sich diesen Kontakt erst einmal in Stufe eins ein. Widmen Sie sich ganz entspannt fünf Minuten diesem Menschen. Vielleicht kommt das Gespräch am Ende zufällig auf ein für Sie ebenfalls interessantes Thema und Sie entdecken doch noch Gemeinsamkeiten.

Auf der zweiten Stufe besteht die Kunst darin, sich auf die Gemeinsamkeiten einzulassen, ohne dabei eine Nähe einzugehen, die der Beziehung nicht angemessen ist. Man muss nicht aus jedem Geschäftspartner auch einen Geschäftsfreund oder gar Freund machen. Dieses zu erwarten, ist unrealistisch.

Unter welchen Voraussetzungen sollte man mit Menschen eine engere Beziehung auf der dritten Stufe eingehen? Ist es das große Interesse für eine gemeinsame Sache? Ist es die gemeinsame Begeisterung? Ist es die Sympathie füreinander? Ist es eine ähnliche Lebenssituation oder eine lange gemeinsame Geschichte? All diese Aspekte sind zwar wichtig, den Kern einer solchen Beziehung aber macht ein weiterer Wert aus. Es ist die gegenseitige Wertschätzung.

Sich selbst und andere wertzuschätzen, mag selbstverständlich klingen, und in guten Zeiten ist es das sicherlich auch. In schwierigen Zeiten allerdings sieht das anders aus. Ob es um eine gemeinsame schwierige Zeit geht oder nur einer von beiden mit Problemen zu kämpfen hat – in solchen Situationen passiert es leicht, dass der andere abgewertet wird, seine Interessen nicht ernst genommen werden, und die Gemeinsamkeiten schmelzen wie Eis in der Sonne.

Wer einen anderen Menschen wertschätzt, wird sich bei Konflikten oder sogar gegenseitigen Verletzungen fragen, welcher Grund wirklich hinter seinem Handeln steckt. Er wird versuchen, bessere Formen des Umgangs miteinander zu finden. Er wird nicht locker lassen, bis er die Sichtweise, die Gefühle und die Wünsche des anderen verstanden hat. Das erfordert Aufwand und Energie. Diese Investition wird man natürlich nicht für jeden eingehen, sondern nur für ausgewählte Menschen.

Für Matthias Arndt würde das bedeuten, dass er sich bei allen Veränderungen, die seine neuen Geschäftsaktivitäten zur Folge haben, nur auf die wertschätzenden Beziehungen verlassen kann. Bei Menschen, mit denen er auf Stufe zwei Kontakt hat, müsste er prüfen, ob die bisherigen Gemeinsamkeiten ausreichen, um den Kontakt zu halten. Gegebenenfalls trennen sich dann die Wege mit dem einen oder der anderen und natürlich ergeben sich durch solche Veränderungen auch wieder neue Kontaktmöglichkeiten zu anderen Menschen.

Ich finde dieses Stufenmodell für zwei Personentypen hilfreich: Menschen, die dazu neigen, zu schnell einen innigen Kontakt herzustellen und immer wieder enttäuscht werden, können das Modell als innere Instanz nutzen. Das erlaubt es ihnen, vorsichtiger mit ihrem Vertrauen umzugehen und sich ganz bewusst mehr Zeit zu lassen beim Aufbau von neuen Beziehungen.

Wer übervorsichtig mit anderen Menschen ist, kann das Stufenmodell als Motivation dafür nutzen, sich Stufe um Stufe anderen Menschen zu nähern. Der spielerische Umgang auf

Stufe eins ermöglicht ihnen, sich jederzeit wieder zurückzuziehen. Die Stufe zwei gibt ihnen die Möglichkeit, Beziehungen zu leben, die sich nur auf die gemeinsamen Interessen und Aktivitäten beziehen, ohne dass es einer intensiven Beschäftigung miteinander bedarf.

Die Menge macht's – dem Zufall eine Chance geben

Wenn Sie drei Wochen Urlaub am Meer machen, sind ein oder zwei Regentage leicht zu verkraften. Fahren Sie nur für ein Wochenende, dann können zwei Tage schlechtes Wetter ärgerlich sein. Die Rechnung ist eine einfache: Je mehr Tage Sie am Urlaubsort verbringen, desto höher ist die Wahrscheinlichkeit, gute Tage oder Sonnentage zu erleben.

Ganz ähnlich ist es beim Netzwerken. Sie wissen im Vorhinein nicht, aus welchem Kontakt sich was ergibt. Je mehr Kontakte Sie aber haben, desto höher ist die Wahrscheinlichkeit, «gute» Kontakte zu haben. Oder anders gesagt: Mit einer Mindestmenge an Kontakten geben Sie dem Zufall die Chance, Ihnen gute Kontakte zuzuspielen. Die Beziehung zu einem einzelnen Menschen kann noch so intensiv, fruchtbar und unterstützend sein – ohne eine ausreichende Menge an weiteren Beziehungen wird diese einzelne Beziehung überfordert.

Vielleicht hat Ihnen auch schon einmal ein Bekannter erzählt: «Seit ich in dem Netzwerk XY aktiv bin, lerne ich genau die richtigen Leute kennen. Da musst du unbedingt hin. Dann bist du auch erfolgreich!» Ich halte ein solches Erfolgsrezept für äußerst problematisch. Zunächst einmal gibt es nicht «die richtigen Leute» für den Erfolg und die eigene Entwicklung. Welcher Mensch im Laufe Ihres Lebens welche Rolle spielt, hängt von verschiedenen Parametern ab: von den eigenen Interessen, die sich im Laufe der Jahre verändern, von den Netzwerken dieses Menschen, von der Qualität der Beziehung und vielen anderen Aspekten. Damit ist die Wahrscheinlichkeit, dass der eine Kontakt nicht genau passt, extrem hoch. Und daher ist es so wichtig, viele Kontakte herzustellen.

Gerade auf der ersten Stufe ist eine Vielzahl an Kontakten hilfreich. Dazu bieten die digitalen Netzwerke ein besonders großes Potenzial. Dort haben Sie die Möglichkeit, spezifische Suchen durchzuführen.

Als wir für unsere Amateurband einen neuen Trompeter oder eine Trompeterin suchten, konnten wir über Xing diejenigen herausfiltern, die unseren Anforderungen entsprachen: Arbeitsstelle in der Nähe unseres Probenraums, Musikrichtung Soul, Altersgruppe und weitere Aspekte. Innerhalb von Minuten hatten wir eine Liste von Kandidaten, die genau zum Anforderungsprofil passten.

Mit dieser Möglichkeit der spezifischen Suche steigen auch die Ansprüche an neue Kontakte. Früher beispielsweise wählte ein mittelständisches Maschinenbauunternehmen eine Marketingagentur aus drei ortsansässigen aus. Heute ist viel spezifischer die Suche nach einem Freiberufler möglich, der sich in der Branche auskennt, persönliche Kontakte in die Länder hat, in die das Unternehmen exportiert, und der vernetzt ist mit anderen Dienstleistern, die man rund um das Marketing braucht.

Auf einer Vortragsveranstaltung lernte ich Holger T. kennen. Er hat in seiner Karriere als Betriebswirt sehr verschiedene Jobs gemacht. Er berichtete mir von seinen sechs Jobwechseln. Mich faszinierte dabei, wie gelassen er mit den Zeiten des Wandels umgegangen war. Zwei Jobs hatte er schließlich nicht freiwillig aufgegeben, so dass er keine Zeit hatte, sich auf den jeweiligen

Wechsel vorzubereiten. Ich hakte nach, woher er diese Ruhe auch in den schwierigen Situationen genommen hatte. Es stellte sich heraus, dass er offenbar eine einfache Regel befolgte: Er hat immer eine «gefühlte zweite Option» zu seiner aktuellen Arbeitssituation in petto. Diese kann aktiviert werden, wenn der aktuelle Arbeitsplatz bedroht ist.

Auf diese Weise kann man auch in schwierigen Situationen mit großer Beharrlichkeit an den Problemen arbeiten, ohne dass die Existenzangst Energie raubt. Natürlich gibt es für diese zweite Option keine Sicherheit, denn wer hat schon immer einen zweiten Arbeitsvertrag in der Tasche, den er im Zweifelsfall unterschreiben kann. Deshalb sprach T. auch von der «gefühlten zweiten Option». Wenn Sie das Gefühl haben, dass Ihnen keine andere Möglichkeit offensteht als Ihre jetzige Situation, ist es höchste Zeit, das eigene Netzwerk aktiv auszubauen.

Es gibt keine Faustregel dafür, wie viele lose Kontakte optimal sind. Dies muss jeder für sich herausfinden – es hängt sowohl von der eigenen Persönlichkeit als auch von der individuellen Situation und der Zielsetzung ab.

Natürlich kann nicht jeder Kontakt, der geknüpft wurde, auf Dauer gehalten werden. Sonst würden Sie den Tag mit nichts anderem mehr als mit Kontaktpflege verbringen. Deshalb gehört zum Kontakteknüpfen eben auch das Kontakteloslassen.

Nährboden Kompetenz

Wenn Profimusiker bei einem Orchester vorspielen, stehen sie unter einem enormen Erfolgsdruck. So bedeutet beispielsweise eine Anstellung bei den Berliner Philharmonikern eine Weichenstellung für die weitere berufliche Zukunft. Der Druck konzentriert sich auf die wenigen Minuten des alles entscheidenden Vorspiels. Um diesen enormen Auftrittsstress in den Griff zu bekommen, bietet Michael Bohne ein Auftrittscoaching für Musiker an. Er ist in der Lage, mit seinen Klienten in kurzer Zeit möglicherweise entstehende Stresssymptome auf das Maß des angemessenen Lampenfiebers zu reduzieren. Dieses Alleinstellungsmerkmal verdankt Bohne einem Kompetenzcocktail, der sich im Laufe seines Lebens angesammelt hat. Die Nähe zu den Musikern hat er durch sein eigenes Cellospiel. Eine weitere Zutat ist sicherlich seine Ausbildung als Psychiater und Psychotherapeut. Dadurch hat er eine solide und breit gefächerte Kompetenz für alle Fragen rund um das Thema Angst. Darüber hinaus geht er leidenschaftlich der Frage nach der Wirksamkeit von therapeutischen Methoden nach. Er widmete sich sehr früh und intensiv der Hypnotherapie und den Methoden der energetischen Psychologie, die unter anderem das mittlerweile sehr bekannte Selbstbeklopfen von Akupunkturpunkten zur Stressreduktion nutzt. Und so kann er auch seine Erfahrungen als Experte für emotionales Selbstmanagement in die Arbeit mit den Musikern einbringen.

Ich finde an diesem Beispiel so spannend, dass es sich im Nachhinein so logisch anhört. Bohnes Spezialisierung scheint eine ganz natürliche Folge seiner Talente, Erfahrungen und Ausbildungen zu sein. Wenn man sich aber anschaut, wie sein Lebenslauf aussieht, vom abgebrochenen Hauptschüler über Studium und Promotion bis zu seiner heutigen Spezialisierung, wird deutlich, dass auch bei Bohne der Weg zum Erfolg über viele Umwege und Zufälle führte.

Seine Spezialisierung auf Auftrittsstress unter Extrembedingungen bei Profimusikern ist eine Kombination, die sich aus einer Vielfalt von Möglichkeiten ergeben hat. Welche Kombination letztlich tragfähig und erfolgreich ist, lässt sich im Vorhinein nicht erkennen. Deshalb ist es so hilfreich, dass man in den verschiedensten Bereichen Kompetenzen entwickelt.

Vielfalt schafft Möglichkeiten

Auch bei Margarita Klein klingt ihre Expertise im Nachhinein sehr logisch. Als ehemalige Hebamme und heutige Familientherapeutin liegt ihr Arbeitsschwerpunkt in der Betreuung junger Familien. Auch sie hat sich über die Jahre ein so großes Spezialwissen angeeignet, dass sie mittlerweile in dem von ihr und ihrem Mann geführten Institut für Weiterbildung und Familienentwicklung ihr Wissen und ihre Erfahrung an Hebammen, Berater und Coaches weitergibt. Sie erzählt, dass eine ihrer zentralen Triebfedern die Neugier ist. Sie ist immer auf der Suche nach neuen Anregungen, Theorien und Techniken. Aus jeder Fortbildung, aus jedem Buch und jedem Gespräch nimmt sie neue Erkenntnisse auf und erweitert so die Vielfalt des ihr zur Verfügung stehenden Wissens.

Sowohl Bohne als auch Klein haben einen «eingebauten Kopierschutz» für ihr Angebot. Man kann sich kaum vorstellen, dass ein zweiter Anbieter es schafft, diese spezifische Ansammlung von Wissen und Erfahrung vorzuweisen.

Es dauert sehr lange, bis man sich in einem Bereich die nötigen Kompetenzen erarbeitet hat. Darüber hinaus ist gerade ihre Kombination entscheidend. Ein Kompetenzprofil ist wie ein Nährboden, auf dem Erfahrungen und Spezialisierungen wachsen. Da Sie aber nie genau wissen, welche Erfahrungen und welches Wissen in Zukunft wichtig sein werden, sollte der Nährboden breit gefächert sein. Optimal ist ein Nährboden, der für ganz unterschiedliche Saaten Platz bietet und somit im Laufe der Zeit unterschiedlichen Pflanzen einen Platz zum Wachsen ermöglicht. Die Kombination der unterschiedlichen Zusammensetzungen macht die Einzigartigkeit des Nährbodens aus.

Auf die Kompetenzen übertragen bedeutet das: Es ist wichtig, verschiedenste Kompetenzen zu entwickeln. Wenn sich ein junger Psychotherapeut beispielsweise überlegt, eine weitere therapeutische Zusatzausbildung zu machen, dann kann er sich ebenso gut überlegen, das Geld in professionelle Gesangsstunden zu investieren, um sein Hobby als Chorsänger auf ein neues Niveau zu heben. Welche Rolle diese Gesangsausbildung einmal spielen könnte, weiß man nicht. Aber sie ist ein weiteres Element, das den Therapeuten aus der Masse herausragen lassen kann. Ob er sich nun auf die Therapie von Opernsängerinnen und -sängern spezialisiert, ob er einen Arbeitsplatz bekommt, weil der neue Chef Arien liebt, oder ob er eine Gesangstechnik auf seine Therapiemethoden überträgt, ist völlig ungewiss. Es kann sich auch gar nichts daraus ergeben, aber mit Sicherheit gibt es neue Anknüpfungspunkte für weitere Chancen.

Neben der Quantität ist in diesem Zusammenhang auch die Qualität der erworbenen Kompetenzen entscheidend. Im Bild der Pflanzenwelt gesprochen geht es darum, vielen neuen Pflänzchen eine Chance zu geben und einigen ein solides Wachstum zu ermöglichen – mit der Ausbildung fester Wurzeln mit breiter Tragfähigkeit. Sie können für sich auf dieser Basis Ihren passenden Mix aus Anregung und Vertiefung, aus Stringenz und Vielfalt entwickeln, um so einen breit gefächerten Nährboden der Kompetenzen aufzubauen.

Mein eigenes Kompetenzradar

Regina Beuck ist Expertin für Aus- und Weiterbildung. Sie beschäftigt sich seit vielen Jahren mit der Frage, welche Aus- und Weiterbildungsangebote für wen zu welchem Zeitpunkt geeignet sind. Nach ihrer Erfahrung funktioniert die klassische Analyse, die von einem persönlichen Ziel ausgehend die nötigen Maßnahmen für einen festen beruflichen Fahrplan entwickelt, in der heutigen Zeit nicht mehr. Es gibt eine unüberschaubare Menge an Berufsbildern und Tätigkeitsprofilen. Die Anforderungen wachsen, sind spezifisch und variabel zugleich. Eine Entwicklung, die auch auf die wachsende Zahl der Selbstständigen zutrifft. Diese müssen sich neben ihrem fachlichen Knowhow eine Fülle zusätzlicher Kompetenzen aneignen: von der Produktentwicklung über den Vertrieb bis hin zur kaufmännischen Abrechnung. Und auch der ehemalige Kraftfahrzeugmechaniker sieht sich heute als KFZ-Mechatroniker einer Reihe neuer Aufgaben gegenüber: vom Umgang mit Computern bis zur persönlichen Betreuung von Kunden.

Daher empfiehlt Beuck, ein eigenes Kompetenzradar zu entwickeln, das sich der aktuellen beruflichen Lage kontinuierlich anpasst. Stellen Sie sich vor, Sie segeln in unbekannten Gewässern. Sie haben keine Seekarten, die Ihnen Auskunft darüber geben, was Sie hinter dem Horizont erwartet. Wenn Sie dann auch noch schlechte Sichtverhältnisse haben wie bei stürmischem Regen oder bei Nebel, sollten Sie ein Radar an Bord haben. Es gibt Ihnen Auskunft über Uferlinien und andere Objekte oberhalb der Wasseroberfläche, kurz, erlaubt Ihnen eine Einschätzung des näheren Umfelds. Und auf dieser Basis können Sie Entscheidungen über Ihren Kurs treffen.

Bei der Weiterentwicklung der eigenen Kompetenzen sieht es ganz ähnlich aus. Sie haben kaum eine Chance, in die Zukunft zu sehen, zu erkennen, welche Kompetenzen genau in der Zukunft die wichtigen Bausteine sein werden. Selbst wenn Sie jetzt eine Seekarte hätten, könnten Sie nicht sicher sein, ob sich die Küstenlinien in der Zukunft nicht wesentlich verändern, so wie sich in einem Stromdelta die Verhältnisse in jedem Jahr volkommen neu gestalten können.

Wenn Sie schon einmal ein Radarbild gesehen haben, werden Sie wissen, dass der eigene Standort in der Mitte des Bildes ist. Die Navigationshilfe setzt das Bild der näheren Umgebung immer in Bezug zur eigenen Position. Ähnlich ist es nach Beuck auch in der Weiterbildungsplanung.

Die eigene Position, das persönliche Profil hat in den letzten Jahren eine immer größere Bedeutung erhalten. Denn wenn bei den eigenen Entscheidungen das Ziel in gewissem Maße unklar bleibt, kann es helfen, sich verstärkt an den eigenen Stärken und Interessen, der eigenen Position zu orientieren. Damit öffnet sich die Frage nach den eigenen Wünschen, Leidenschaften und Talenten. Diese herauszufinden bedeutet auch, auf die innere Stimme zu hören.

Ralf Kohfeld ist gemeinsam mit der Grafikerin Petra Ehlers Inhaber einer Agentur für Kommunikation und Gestaltung. Er hat jedoch, wie es für viele Berufe heute typisch ist, diesen Beruf nicht studiert. Vielmehr ist er studierter Architekt und hat über viele Jahre Häuser und Gebäudekomplexe entworfen. Kann ein Architekt auch exzellente Ergebnisse in einer Agentur für Kommunikation und Gestaltung liefern? Spannend ist, dass sich bei Kohfeld ein roter Faden durch alle seine Tätigkeiten zieht: Es ist seine Leidenschaft für angewandte Ästhetik, wenn also Form und Funktion ihre Einheit in einer passenden und schönen Gestalt finden. Das treibt ihn auch bei Hobbys an. Beim Segeln die Segel so zu trimmen, dass sie die meiste Kraft entwickeln und in Perfektion gegen den blauen Himmel stehen. Oder beim Kochen nicht nur den Geschmack auf die Spitze zu treiben, sondern auch noch den Teller so anzurichten, dass schon der Augenschmaus eine Wohltat ist.

Diese Leidenschaft ist so etwas wie der Kern, der sich durch alle Tätigkeiten im Laufe seines Berufslebens zieht. Ein Kern, der auch im Privatbereich eine Rolle spielen kann. Für das Kompetenzradar ist die Klarheit über den eigenen Kern von großer Bedeutung.

Fragen Sie sich, was Sie eigentlich antreibt, was Sie an der konkreten Tätigkeit im Innersten motiviert. Und versuchen Sie, diesen Kern zu beschreiben, ihm ein Bild zu geben. Für Kohfeld ist es dieser Moment, in dem die Lösung einer Aufgabe eine eigene Kraft bekommt, in der sie so etwas wie Vollkommenheit ausstrahlt. Wenn der Kunde breit grinst, weil die Lösung schlicht und einfach so funktioniert wie sie soll, wenn alle Anforderungen auf einmal auf wundersame Weise erfüllt sind und wenn jede weitere gedachte Variante immer wieder zu derselben Lösung zurückführt, die ihre eigene stimmige Ästhetik entwickelt hat.

Vielleicht ahnen Sie schon, dass diese Art des Entscheidens über neu zu lernende Kompetenzen eine sehr individuelle Vorgehensweise ist. Das macht es manchmal schwer, eigene Entscheidungen für Außenstehende nachvollziehbar zu machen. Für diese ist es einfacher, eine logische Abfolge nachzuvollziehen, als sich mit der inneren Stimme eines anderen auseinanderzusetzen. Ein Grund hierfür ist auch, dass es leichtfällt, im Nachhinein eine Logik in die eigene Entwicklung hineinzuinterpretieren, nach dem Motto: Die Person ist deshalb erfolgreich, weil sie dieses und jenes getan hat. Diese Person ist gescheitert, weil sie sich hier oder dort falsch entschieden hat.

Unser Gehirn hat eine große Sehnsucht nach Erklärungen und opfert dafür gerne auch mal den einen oder anderen komplexen Zusammenhang. Wenn es aber darum geht, dem Zufall eine Chance zu geben, lohnt es sich, deutlich offener bei der Entwicklung neuer Kompetenzen zu sein.

Die Entwicklung des Kompetenzradars ist ein dynamischer Prozess. Mit jeder Entscheidung, mit jeder neuen Erfahrung entstehen neue Perspektiven und Einblicke. Diese gilt es einzubinden und im Austausch mit Freunden, Kollegen und Bekannten zu nutzen, um neue Wissensbereiche abzustecken, neue Fähigkeiten zu lernen und sich Wissen anzueignen und sich so kontinuierlich den sich ständig verändernden Gegebenheiten anzupassen.

Kompetenzen erweitern: Schnuppern, Können, Virtuosität

Die Erweiterung der eigenen Kompetenzen muss im Einklang mit den eigenen Ressourcen erfolgen. Dabei gilt es, Vielfalt und Vertiefung sinnvoll zu kombinieren. Als Orientierung hierfür dienen Ihnen folgende drei Ebenen.

Ein großes Spektrum an Kompetenzen erschließt sich Ihnen durch Schnuppern. So wie ein Hund schnuppernd über die Wiese läuft, mal hier und mal dort interessante Gerüche aufnimmt, können auch Sie sich inspirieren lassen von kleinen Ausflügen in neue Wissensgebiete, in Techniken und soziale Erfahrungen. Beim Schnuppern geht es nur um Anregungen, um einen kurzen Blick auf Neues, ohne jegliche Verpflichtung, diese Dinge zu vertiefen.

Ich kann mich noch gut erinnern, wie ich als kleiner Junge in verschiedene Sportvereine hineinschnupperte. Da ich mit meinen Freunden viel Fußball spielte, lag es nahe, einem Fußballverein beizutreten. Dort habe ich es ungefähr zwei Monate ausgehalten, bis ich so unglücklich nach Hause kam, dass meine Eltern mir erlaubten, einen zweiten Versuch zu starten. Jemand aus der Familie schlug Turnen vor und so ging ich einmal die Woche in die Turnhalle, um wie ein nasser Sack am Reck zu hängen und mich ohne Spannung über die Matten zu rollen. Während ich beim Fußball mit den anderen Jungs nicht klarkam, war es hier die Sportart, die meinem Naturell nicht ausreichend entsprach. Das Ende beider Versuche habe ich als ein unangenehmes Scheitern in Erinnerung, habe mich selbst als unzulänglich erlebt, weil ich nicht konsequent drangeblieben bin. Aus heutiger Sicht war es ein Reinschnuppern ohne jede Verpflichtung mit offenem Ende. Damals fehlte mir jedoch diese Leichtigkeit, mit der ich mir den passenden Sport hätte aussuchen können. Ich war frustriert von meinen Erfahrungen in den Sportvereinen, aber eines Tages kam jemand vom Schulruderverein in unsere Klasse und warb für Nachwuchs. Das war mein Glück. Denn ich spürte sofort, dass Rudern mein Ding werden könnte. Und so begann ich mit dem Sport auf dem Wasser und blieb über Jahre dabei. Ich erwarb solide Kenntnisse und Fähigkeiten, ich genoss die Wanderfahrten und konnte einige Regattasiege auf meinem Erfolgskonto verbuchen.

Schnuppern bedeutet Probieren ohne Verpflichtung. Kategorisch verboten ist dabei der Vorwurf, nichts richtig zu machen oder nicht konsequent bis zum Ende dabeizubleiben. Beim Schnuppern sollten Sie sich allein von Ihrer Neugierde treiben lassen – ohne Erfolgszwang, ohne die Pflicht, Ergebnisse zu produzieren oder gar Tests zu bestehen.

Auf der zweiten Ebene geht es um solide Kenntnisse und Fähigkeiten. Hierher gehören die Schulbildung, die Ausbildung oder das Studium sowie notwendige fachliche Weiterbildung. Für den Nährboden Kompetenz bedeutet das, dass gewisse Bereiche sehr passgenau aufbereitet sein müssen. Diese Bereiche bieten dann einen spezifischen Nährboden für einzelne Pflanzenarten. Nährboden und Pflanzen sollten zusammenpassen, aufeinander abgestimmt sein.

Beim Schnuppern werden Samen ausgestreut, man schaut, was wächst. Im Überfluss treffen unterschiedlichstes Saatgut und verschiedenste Nährböden aufeinander.

Beim Können hingegen geht es um Optimierung, darum, mit den gegebenen Ressourcen ein optimales Wachstum der Pflanzen zu ermöglichen. Können ist zweckorientiert.

Nun möchte ich Sie noch zu einer dritten Ebene einladen, in der man sich um ausgewählte Pflanzen sehr intensiv bemüht. Die Ebene Virtuosität, wie Sie sie nur in ganz wenigen Bereichen erreichen können. Jürgen Pleitner war in seiner Jugend ein erfolgreicher Trompeter. Er spielte bei «Jugend musiziert», bekam die Gelegenheit, in Auswahl-Orchestern auf Landesebene zusammen mit Profis zu spielen, und übte intensiv, um seine Fähigkeiten ständig zu verbessern. Wenn er sich auf ein Konzert vorbereitete, so war sein Ziel, sein Handwerkszeug perfekt zu beherrschen. Das war erreicht, wenn er selbst schwierigste Passagen mit souveräner Leichtigkeit spielen konnte. Erst dann war es möglich, im Moment des Konzertes voll und ganz mit der Musik eins zu sein und sie virtuos vorzutragen. Sobald auch nur ein Gedanke an die Technik verschwendet wird, leidet die Konzentration auf das eigentliche Musizieren.

Das bedeutet jedoch nicht, dass man die Ebene der Virtuosität nur als Profi erreichen kann. Sich an Profis zu orientieren, also an den Besten ihres Faches, führt bei weniger begabten

Menschen häufig zur Frustration. Es ist darum wichtig, ein gesundes Verhältnis von Handwerk und Virtuosität, seinen eigenen Möglichkeiten entsprechend, zu erreichen. Pleitner hat für sich erkannt, dass sein Übungsaufwand zu groß gewesen wäre, wenn er in der Musik-Profiliga auf Dauer hätte bestehen wollen, und so genießt er seine musikalische Virtuosität heute in seiner Freizeit in verschiedenen Orchestern und Bands. In seinem Beruf als Luftfahrtingenieur hat Pleitner einen weiteren Bereich der Virtuosität gefunden. Selbst schwierigste technische Probleme stellen dank seiner Kenntnisse und Erfahrungen heute ein Spielfeld für ihn dar, auf dem er mit großer Sicherheit und gutem Instinkt ein interdisziplinär und international zusammengesetztes Team zu einzigartigen Lösungen führt.

Ich spiele Saxophon in einer Soulband und habe über die Jahre die Blues-Tonleiter für ein bestimmtes Stück so zu meinem Handwerkszeug gemacht, dass ich selbst auf der Bühne vor Publikum in der Lage bin, mich ganz dem Solo hinzugeben. Obwohl Welten zwischen meinem Spiel und der Virtuosität eines Profis liegen, erlebe ich mich selbst auf einem für mich sehr beglückend hohem Niveau. Das hat nichts damit zu tun, ob die Soli jedem Zuhörer gefallen, ob sie den Qualitätsansprüchen einer Studioaufnahme genügen oder ob ein Kritiker lobende Worte finden würde. Der springende Punkt ist vielmehr, dass ich selbst auf der Basis dessen, was mir möglich ist, begeistert bin von meiner Gestaltungsfreiheit in dem Solo. Virtuoses Können ist begeisterungsorientiert – zielt auf den Moment, in dem das eigene solide Handwerkszeug einem erlaubt, sich voll und ganz der eigenen Kompetenz zu widmen.

Der Weg zur Virtuosität ist ein Weg mit Hindernissen und es ist ein besonderes Erfolgserlebnis, wenn man diese Hindernisse mit beharrlichem Einsatz überwunden hat. Vielleicht haben Sie auch in Ihrem Arbeitsumfeld einige Fähigkeiten, die Sie virtuos beherrschen. Es lohnt sich, in einigen wenigen Bereichen diese Virtuosität für sich zu erarbeiten. Die Auseinandersetzung mit der eigenen Motivation, der Umgang mit Rückschlägen, die Anpassung des Zieles an das eigene Talent, die zur Verfügung stehende Zeit sowie sonstige Rahmenbedingungen sind wichtige Kernkompetenzen.

Bleibt die Frage, was Sie mit den Kompetenzen machen, die Sie auf diese Weise erwerben. Margarita Klein hat in ihrer Entwicklung von der Hebamme bis zu ihrer heutigen Beratungspraxis immer mit großer Neugier neue Gebiete erforscht. Sie erzählte mir, dass sie neues Wissen verstoffwechselt. Sie meint damit, dass sie offen Impulse aufnimmt und sie mit einer großen Freiheit einbaut in ihre eigenen Kompetenzen, eben genau so, wie es für sie selbst passt.

Wenn Sie ein Schnupperwochenende Bogenschießen machen, kann das ganz unterschiedliche Wirkungen haben, da diese Verstoffwechselung eine ganz individuelle Sache ist. Der eine ist begeistert, dass er nach zwei Übungstagen die Scheibe aus einer Entfernung von 50 Metern trifft. Die andere entdeckt, dass sie ihre Konzentrationsfähigkeit ausbauen will. Der nächste ist begeistert von der Harmonie der Bewegungsabläufe und will diese Harmonie übertragen auf die Teamarbeit im Job, indem er sich bemüht, trotz großen Projektdrucks Momente der Konzentration und Ruhe in die gemeinsame Arbeit zu integrieren. Wie Sie die Anregungen verarbeiten, was Sie letztlich daraus machen, bleibt Ihrer Zukunft überlassen.

Unter dem Aspekt des Erzeugens von Chancen ist die Kompetenzerweiterung auf allen drei Ebenen ein gutes Instrument, um neue Eindrücke zu gewinnen, neue Anregungen zu bekommen und eine breite Basis zu schaffen, deren Vernetzung sich vielleicht erst im Laufe des weiteren Lebens ergibt. Sie sammeln im Sinne des eingangs erwähnten magischen Puzzles neue wertvolle Puzzlesteine, die sich auf ganz eigene Weise in die neuen Bilder der Zukunft einsortieren werden. Manche mehr, manche weniger.

Bei der Erweiterung der eigenen Kompetenzen ist es günstig, nicht nur den Beruf im Fokus zu haben. Im Sinne einer breiten Streuung einerseits und einer virtuosen Vertiefung des Könnens andererseits können private Aktivitäten und Hobbys über das freizeitliche Vergnügen hinaus einen wichtigen Beitrag bei der Kompetenzerweiterung auch für den Job liefern. So erzeugen Sie zusätzliche Kompetenzen, die mit der bloßen Fokussierung auf den Beruf nicht erreichbar sind.

Immer wieder ich – Authentizität und Selbstmanagement

Ich fragte Silke Beuck, woran sie erkennt, welche Menschen als Selbstständige und Unternehmer erfolgreich sind. Beuck ist Steuerberaterin und hat über die Jahre viele Menschen auch in beruflich schlechten Zeiten begleitet. Wenn sie einen neuen Fall bekommt, kann sie relativ schnell sagen, ob der- oder diejenige das Zeug dazu hat, aus der Krise wieder herauszukommen. Sie ist ein Mensch der Zahlen und Gesetze und so war ich sehr überrascht über die Zusammenfassung ihrer Erfahrungen. «Je normaler die Menschen daherkommen, desto größer ist die Wahrscheinlichkeit, dass sie es schaffen. Das sind dann sie selber, das passt dann auch. [...] Die anderen sind die Träumer. Verkleidung deutet auf Fassade hin.» Diejenigen, die sich und anderen etwas vormachen, die sich verkleiden, die so tun als ob, haben nach ihrer Erfahrung deutlich schlechtere Chancen. Ein authentischer Umgang mit der eigenen Situation, den eigenen Gefühlen und den eigenen Stärken und Schwächen ist eine gute Voraussetzung, auch in schwierigen Zeiten dranzubleiben, die Augen zu öffnen auch für schlechte Nachrichten und neue Wege zu beschreiten.

Es geht also darum, sich immer wieder aus den eigenen Mustern zu befreien und neues Verhalten dazuzulernen. Dieser Umgang mit sich selbst fällt in den Bereich des so genannten Selbstmanagements. Es ist eine Kernkompetenz, die jeder benötigt, der sich weiterentwickeln will. Dabei gilt es, sich selbst richtig einzuschätzen, die eigenen Gefühle wahrzunehmen, angemessen mit ihnen umzugehen und auch in Konfliktsituationen konstruktiv und authentisch seine eigene Position zu vertreten.

Neben allen Kompetenzen fachlicher Natur ist Selbstmanagement eine Schlüsselkompetenz. Sie ist nicht alles, aber ohne sie geht gar nichts.

Jürgen Bock ist Leiter der Unternehmens- und Kulturentwicklung eines internationalen Handelskonzerns. Zu seinem Verantwortungsbereich gehört die Personalentwicklung, in der er zahlreiche innovative, kreative und preisgekrönte Projekte mit seinem Team umgesetzt hat. Man könnte meinen, dass ein Fachmann wie Bock ein Meister des Selbstmanagements ist, der auf diesem Gebiet schon seit Jahren nichts mehr dazulernen kann. Aber weit gefehlt. Trotz aller Erfahrung und Professionalität hat Bock nie aufgehört, sich um seine eigene persönliche Weiterentwicklung zu kümmern – und das schon seit 20 Jahren. Und er genießt den Nutzen, den er daraus immer wieder zieht. Er hat sein Berufsleben so gestaltet, dass die Arbeit für ihn ein Vergnügen ist. Er hat eine klare Vorstellung von seinen Kompetenzen, seinen Werten und Zielen und hat sein Leben darauf abgestimmt. Selbstmanagement ist kein Selbstzweck, sondern eine Kompetenz, die zu einem erfüllten und zufriedenen Leben beiträgt. Bock wird immer dann aktiv, wenn er Widerstände, Hürden und Ängste in sich spürt. Er weiß aus Erfahrung, dass es sich lohnt, diese nicht wegzudrängen, sondern sich ihrer anzunehmen, sie anzuschauen, zu reflektieren und damit die eigene Kompetenz weiterzuentwickeln.

Marcus Vitt ist der Vorstand einer Privatbank, der es gelungen ist, den Versuchungen des Finanzmarktes zu widerstehen, also keine risikoreichen Finanzgeschäfte eingegangen ist, und die auf diese Weise sehr gut durch die jüngste Finanz- und Wirtschaftskrise gekommen ist. Er misst den sozialen Kompetenzen einen großen Stellenwert bei. So hat er, was sehr ungewöhnlich für die Branche ist, nicht nur eine Teamentwicklung für seine Führungsmannschaft gemacht, sondern darüber hinaus jeder einzelnen Führungskraft eine Mediationsausbildung ermöglicht. In diesem Rahmen haben sie gelernt, in schwierigen, konfliktreichen Situationen konstruktiv zu bleiben. Sie können sich vorstellen, dass in einer solchen Ausbildung das Selbstmanagement auch eine zentrale Rolle spielt. Die Fähigkeit etwa, die eigenen Gefühle wahrzunehmen und zu reflektieren, neue Verhaltensweisen auszuprobieren, vernünftig zu handeln, obwohl die Wut im Bauch ganz andere Wege gehen möchte. Wenn ein Team in diesen Bereichen gut aufgestellt ist, wird es ihm besser gelingen, sich auch in schwierigen Situationen auf die Sache zu konzentrieren und sich nicht durch Streitigkeiten, übertriebene Aggressionen oder inneren Rückzug vom Thema abzulenken. Die Investition hat sich gelohnt und einen nachweislich positiven Einfluss auf die Entwicklung der Bank gehabt.

Ob Sie nun einen Kurs zum Selbstmanagement oder zur sozialen Kompetenz belegen oder ob Sie diese Themen beim nächsten Konflikt in Ihrer Amateurband bearbeiten, müssen Sie natürlich selbst entscheiden. Auf jeden Fall lohnt es sich, die Kompetenz im Umgang mit sich selbst und im Umgang mit anderen Menschen zu einem zentralen Teil Ihres Nährbodens der Kompetenzen zu machen.

Erfinden auf Vorrat

Wann hatten Sie Ihre letzte zündende Idee? Erinnern Sie sich an Ihren letzten genialen Gedanken, den Sie beim Aufwachen, beim Warten auf den Zug oder unter der Dusche hatten? Solche Erinnerungen hat fast jeder. Deswegen klingt es auch so plausibel, dass das Erfinden so etwas wie eine spontane Eingebung ist, auf die man nur wenig Einfluss hat. Nach dem Motto: Ideen kommen von ganz alleine, das ist eine Sache der Eingebung, des Schicksals. Wenn man sich die Sache allerdings genauer betrachtet, stellt man fest, dass dieser besondere Moment, in dem sich die Idee ihren Weg in unser Bewusstsein bahnt, eine lange Vorgeschichte hat. Es ist die Phase, in der man oft auch unbewusst ein Problem langsam einkreist, es von vielen Seiten beleuchtet, Lösungsmöglichkeiten durchspielt und auf diese Weise den Boden bereitet.

Ideenreichtum
«Not macht erfinderisch» ist ein zweischneidiger Glaubenssatz. Sicherlich ist es so, dass viele Menschen in der Not ein hohes Maß an Kreativität entwickeln und beeindruckt sind von den Ideen, die dadurch entstehen. Aber die Not birgt auch eine Gefahr. Vielleicht kennen Sie das Phänomen, dass Ihre Gedanken

unter Druck beginnen, sich im Kreise zu drehen. Dass Sie trotz größter Anstrengungen nicht aus diesem Gedankenstrudel herauskommen. Diese so genannte Problemtrance ist kein geeigneter Boden, um neue Lösungen zu finden. Wenn Sie in einer solchen Problemtrance sind, dann erschwert der damit verbundene Stress die nötige Kreativität, die es braucht, um das Problem zu lösen. Der Blick kreist nur noch um das Problem und verhindert die freie Sicht auf mögliche Lösungen. Wir denken verstärkt in Schwarzweißkategorien und stecken andere Menschen schnell in Schubladen. Die Zwischentöne, das Bunte gehen verloren. Die Problemtrance erschwert also die kreative Suche nach Ideen, Konzepten, Auswegen, Alternativen und Visionen – und das gerade dann, wenn wir diese Fähigkeit besonders brauchen würden.

Ob wir in der Not kreativ werden oder in eine Problemtrance geraten, ist im Übrigen zum einen eine Frage der Persönlichkeit und zum anderen der spezifischen Situation, in der wir uns befinden. Das bedeutet, wir können oft nicht wissen, wie wir in welcher Notsituation reagieren werden. Deshalb lohnt es sich, sich frühzeitig um neue Ideen zu kümmern.

Wenn das Erfinden auf Kommando so schwierig ist, wie wäre es dann, auf Vorrat zu erfinden? Manche Chancen liegen eben nicht greifbar vor einem, sondern müssen herausgearbeitet werden aus den Puzzlesteinen, die einem im Kontakt mit anderen Menschen oder beim Erweitern der eigenen Kompetenzen begegnen.

Das Erfinden auf Vorrat ist ein kontinuierlicher Prozess. Es ist aber kein kontinuierlicher Verbesserungsprozess im Sinne des in Unternehmen verbreiteten KVP (kontinuierlicher Verbesserungsprozess). Es ist lediglich ein KIP: ein kontinuierlicher Ideenprozess. Erfinden auf Vorrat ist gerade frei davon, dass dies in Verbesserungen münden muss. Auch wenn keine praktischen Anwendungen in Sicht sind, verändert die Suche nach neuen Ideen bereits die Wahrnehmung. Christine Proske ist eine sehr erfahrene Literaturagentin. 80 Prozent der von ihr an den Markt gebrachten Bücher basieren auf ihren eigenen Ideen. Das Erfinden ist also ein Teil ihres Kerngeschäfts. Sie beschreibt sehr eindrücklich, was passiert, wenn sie eine neue Idee entwickelt. In dem Moment, da diese noch zaghafte neue Idee in ihrem Hinterkopf einen Platz gefunden hat, ändert sich ihre gesamte Wahrnehmung. Plötzlich werden alle Informationen auf die Relevanz für die neue Idee hin geprüft. Die neue Idee erzeugt auch andere Perspektiven. Es entstehen neue Antennen für Frequenzen, die bisher verborgen blieben. So entwickelt sich auch die Idee weiter. Beim Zeitunglesen, beim Schauen einer Talkshow, bei Gesprächen mit Freunden und Geschäftspartnern, beim Hören von Geschichten aus der Nachbarschaft, mit jeder neuen Anregung entstehen neue Aspekte, neue Vernetzungen, die die Idee voranbringen. Durch ein Kribbeln im Bauch, ein Anklopfen im Hinterkopf oder durch ein anderes Körpersignal kündigt sich die Idee an und wartet darauf, angeschaut und weiterentwickelt zu werden.

Genauso wie der Kontakt zu neuen Menschen oder das Erwerben neuer Kompetenzen Chancen erzeugt, so kann auch das Erfinden auf Vorrat eine Fülle von Chancen sichtbar machen und entwickeln, die sonst am Wegesrand liegen geblieben wären.

Andreas Hartwieg arbeitet seit über 20 Jahren in der Finanz- und Versicherungsbranche. Er berät nicht nur Kunden, sondern entwickelt erfolgreich nachhaltige Finanzprodukte. Seine Ideen entstehen, wenn er anderen Menschen begegnet. Dann ist es bei ihm wie ein Automatismus, ein Motor, der in seinem Kopf anspringt. Dieser Ideenmotor produziert drauflos.

Welche Produkte könnten noch sinnvoll sein? Womit kann ich meine Kunden noch mehr begeistern? Es kümmert ihn dabei wenig, ob die Ideen hier und heute oder auch morgen umsetzbar sind. Das Produzieren dieser neuen Ideen selbst ist Motivation für seinen Erfindergeist und völlig frei von der Frage der möglichen oder unmöglichen Realisierung.

Gernot Pflüger hat in seinem Unternehmen für Video- und Veranstaltungsdienstleistungen ein Führungsmodell entwickelt, das er Wirtschaftsdemokratie nennt. Auch dieses Führungsmodell ist nicht vom Himmel gefallen, sondern ist das Ergebnis eines längeren kreativen Prozesses. Pflüger ist erfinderisch, wenn er Dinge nicht nachvollziehen kann. Wenn scheinbare Selbstverständlichkeiten der Nachfrage nicht standhalten. Dann springt sein Erfindermotor an und hört erst auf zu arbeiten, wenn er mit den neuen Antworten zufrieden ist. Sowohl Hartwieg als auch Pflüger haben eine große Freiheit beim Produzieren neuer Ideen, frei von Umsetzungsdruck und Praktikabilitätssehnsucht. Der Auslöser und das Motiv für ihre erfinderische Aktivität sind jedoch sehr unterschiedlich.

Ideenverschenker und Erfinderkollektive

Andreas Wietholz hat als echter Hamburger Jung im Laufe seines Lebens über sein Engagement, seine Aktivitäten, seine Hobbys und seinen Beruf ein weit verflochtenes Beziehungsnetz aufgebaut. Er ist immer offen für Neues und so hat seine Neugier ihn über verschiedene Stationen vom ausgebildeten Erziehungswissenschaftler hin zum engagierten Finanz- und Versicherungsmakler geführt. Schon vor über 20 Jahren interessierte er sich für Verbraucherorientierung und entwickelte eine strikt kundenorientierte und nachhaltige Beratungspraxis. Die Verbraucherorientierung ist bei Wietholz Ausdruck eines ehrlichen

Interesses an seinem Gegenüber. Menschen, die anders sind, reizen ihn besonders. In diesem gefächerten Netzwerk von unterschiedlichsten Menschen machte es ihm Freude, neue Kontakte zu stiften und Ideen auszutauschen.

Wietholz ist der klassische Typ des Ideenverschenkers. Wenn ein Problem auftaucht und er Ideen dazu hat, zögert er keine Sekunde, diese in die Runde zu geben und zu überlegen, welche anderen Menschen aus seinem Netzwerk zur Lösung des Problems beitragen können. Allein in seinem Kämmerlein zu sitzen und zu grübeln, ist für ihn nur zweite Wahl.

Ideen weiterzugeben kann auch eine negative Komponente haben. Manche Menschen machen es einem schwer, ihre Ideen anzunehmen. Gemeint ist der Typ des Besserwissers, des ewig Schlaueren, desjenigen, der die Weisheit mit Löffeln gefressen hat. Es erzeugt meist nur Widerwillen und Ablehnung. Beim Ideenverschenker funktioniert das ganz anders. Er verschenkt ohne jeglichen Anspruch auf Gegenleistung, ohne Anspruch darauf, dass die Idee der Weisheit letzter Schluss ist, und ohne Druck auf den anderen auszuüben, diese auch annehmen zu müssen. Die Idee wird zu einem richtigen Geschenk, bei dem der Beschenkte entscheidet, ob er damit etwas anfangen kann oder nicht.

Wer gemeinsam mit anderen Menschen Ideen produziert, sich also in ein Erfinderkollektiv begibt, der tut gut daran, einige Dinge zu beachten. Vor noch nicht allzu langer Zeit war ich mit Freunden beim Improvisationstheater «Die Gorillas» in Berlin. Ich selbst war ein bisschen skeptisch, wie ohne Text, ohne Leitfaden und ohne Regie ein unterhaltsamer Theaterabend entstehen sollte. Am Ende der Vorstellung war ich eines Besseren belehrt. Wir waren begeistert von dem sehr kurzweiligen und anregenden Abend. Das ging sogar so weit, dass wir uns zu viert zu einem Improworkshop anmeldeten, in dem wir die Grundzüge dieser Theaterform erlernen wollten. Nebenbei bemerkt ein gutes Beispiel für das Schnuppern zur Erweiterung der eigenen Kompetenzen. Mich beeindruckte die zentrale Grundregel des Improvisationstheaters: Der Impuls des anderen ist unumstößliches Gesetz. Auch wenn Sie gerade eine ganz andere Idee zur Fortführung der Geschichte im Kopf hatten, müssen Sie diese augenblicklich über Bord werfen, wenn der Akteur vor Ihnen einen anderen Impuls setzt. Den Jubelschrei auf den Lippen müssen Sie umschalten und in tiefer Trauer dem Mitspieler begegnen. Diese Grundregel ist für jede Teamarbeit hilfreich und besonders wertvoll für Erfinderkollektive. Die Ja-aber-Haltung oder die Das-kann-doch-nicht-gehen-weil-Haltung blockieren hingegen die gemeinsame Ideenwerkstatt und lassen leicht frustrierte Teilnehmer zurück.

Da ist es doch viel besser, sich mit Ideenverschenkern zusammenzutun, seine Gedanken anzubieten, Menschen nach ihren Ideen zu fragen und sich zu freuen, wenn neue Ideen entstehen. Die eigene Eitelkeit auf das richtige Maß beschränkt, fällt es sehr viel leichter, den anderen wertzuschätzen und seine Ideen, Anregungen und Überlegungen aufzunehmen und sie weiterzuentwickeln. So bekommen neu entstehende Ideen eine Chance, sich zu entwickeln. Auch wenn sie im Moment noch nicht brauchbar sind und für das Hier und Jetzt keine Bedeutung haben, kann eines Tages ihr Moment kommen und sie werden Ausgangspunkt einer neuen Entwicklung mit neuen Chancen.

Nachdenker und Infragesteller

Nachdenker und Infragesteller lassen sich in ihrem Erfinderdrang eher durch Sachthemen inspirieren. Scheinbare Selbstverständlichkeiten werden mit Freude hinterfragt, so macht es jedenfalls Gernot Pflüger. Und er hat nicht nur sein Führungsmodell auf diese Weise entwickelt. Im Laufe von 19 Jahren hat er immer wieder über sein Geschäftsmodell nachgedacht. Derzeit befindet sich das Unternehmen bereits in der vierten Neuerfindungsphase. Die ursprüngliche Leistung, das Vermieten von Veranstaltungstechnik, macht heute nur noch 15 Prozent des Umsatzes aus. Alle vier Jahre eine solche Revolution im Markt zu überleben, schafft man nicht allein durch Reagieren. Wer immer nur auf Veränderungen reagiert, beziehungsweise erst nachdem sich die äußeren Bedingungen geändert haben, neue Ideen produziert, ist oft zu spät dran und erlebt einen finanziellen Einbruch. Gerade in der Dienstleistungsbranche fehlen häufig die Reserven, um dies finanziell zu überleben. Wer hingegen auf Vorrat Ideen und Ansätze produziert hat, kann darauf im Ernstfall zurückgreifen. Wie vorgezogene Keimlinge im Frühbeet werden sie für die Auspflanzung kräftig genug sein.

Es gibt einen Berufszweig, in dem das Produzieren von Ideen auf Vorrat die Kernkompetenz ist: die Forschung. Claudia Kemfert war schon als kleines Mädchen fasziniert davon, dass Marienkäfer unterschiedliche Punktmuster haben. Ihre Spielgefährtinnen hingegen haben ihre Begeisterung darüber nicht verstehen können.

Die Neugier treibt Kemfert auch heute noch als leitende Wissenschaftlerin und Professorin am Deutschen Institut für Wirtschaftsforschung. Bei allen neuen Kontakten in der Forschungsgemeinde ist sie motiviert von diesem großen Interesse an neuen Fakten, neuen Zusammenhängen und neuen Sichtweisen. Für sie ist die Neugier ein Lebenselixier und sie hat sich ein Umfeld gesucht, in dem sie es mit vielen Kollegen teilen kann.

Als international vernetzte Forscherin liebt sie es, von neuen Kontakten zu lernen. Schon als Studentin ist sie mit dieser inneren Einstellung auf die Mitglieder der Forschungsgemeinde zugegangen. Ein Ansatz, der in den USA sehr gut ankam, in Deutschland aber eher auf Skepsis stieß. Hierzulande hat sie die Forschungshierarchie eher als Begrenzung erlebt und als junge Forscherin fühlte sie sich an ihre Marienkäferstudien erinnert, die ihr Umfeld inhaltlich auch nur begrenzt interessierten.

Dass diese Kompetenz des Hinterfragens und Durchdenkens heute wichtiger denn je ist, ist auch das Credo von Günter Faltin. Er ist Gründer der «Teekampagne». Einmal im Jahr nach der Ernte kauft das Unternehmen eine Sorte Tee in Asien ein. Es kauft nur die allerbeste Sorte, um dann nur diese eine Sorte in großen Verpackungen im Rahmen einer Kampagne zu verkaufen. Dieses Konzept hat Faltin im Rahmen seiner Professur für Entrepreneurship an der Freien Universität Berlin entwickelt und damit seine Theorien zur erfolgreichen Gründung von Unternehmen einem Praxistest unterzogen.

Die Erkenntnisse hat er in seinem Buch «Kopf schlägt Kapital» veröffentlicht. Der Titel des Buches ist Programm. Im Gegensatz zu früheren Zeiten ist es heute möglich, auch ohne Kapital erfolgreich Unternehmen zu gründen, wenn man die Geschäftsidee ausreichend durchdenkt und Stück für Stück alle Hindernisse aus dem Weg räumt. Gute Chancen auf Erfolg hat man, wenn man so lange nachdenkt und die Dinge in Frage stellt, bis das Produkt mindestens doppelt so gut und halb so teuer, also um einen Faktor vier attraktiver ist, als die Konkurrenz es anbietet.

Aus Faltins Sicht fällt eine Idee nicht einfach vom Himmel. Sie ist das Ergebnis eines intensiven Prozesses, in dem viele Ideen produziert, wieder verworfen, verfeinert und detailliert, angepasst und verändert werden. Dabei entsteht im Ergebnis ein Ideenkunstwerk, das dann die Grundlage für die Unternehmensgründung ist.

Wer ein Nachdenker und Infragesteller ist, hat keine Angst davor, Fragen zu stellen. Für diesen Typus Mensch fängt der Spaß bei einem Problem erst an und die Leidenschaft für Kreativität und Nachdenken sind wichtiger als ein schnelles fertiges Ergebnis. Diese Personen verfügen auch über die Fähigkeit, Unstimmigkeiten zuzulassen, offene Wunden aufzudecken, Widersprüche anzunehmen und Unwissenheit auszuhalten. Wenn Sie auf alle Fragen gleich eine Antwort brauchen, um ruhig schlafen zu können, dann fehlen Ihnen der Freiraum und die Gelassenheit, neue Gedanken als Angebot auf Ihren Erfindermarkt zu werfen.

Kleine Kinder fragen immer wieder nach dem Warum. Warum ist der Himmel blau? Warum darf ich jetzt nichts Süßes? Warum hustet Opa immer? Während Kinder versuchen, das Funktionieren der Welt zu verstehen, fragen sie als Jugendliche dann nach den Werten, die hinter dem Handeln von Menschen stehen. Warum hat er mich hintergangen? Woran erkenne ich, wem ich vertrauen kann? Worauf kommt es bei einer Freundschaft an?

Für den inneren Erfindungsmotor können Sie die Überbleibsel Ihrer kindlichen Neugier und Ihres jugendlichen Zweifels nutzen, um mit großer Freiheit Dinge in Frage zu stellen und sich auf die Suche nach neuen Antworten zu begeben. Fragen kostet nichts, nicht fragen raubt Chancen.

Ideenwerkstatt immer dabei

Erfinden auf Vorrat scheint am einfachsten zu sein, wenn es wie automatisch erfolgt. Um das zu erreichen, bedarf es folgender

Voraussetzungen. Zum einen sollte das Erfinden frei von jedem Umsetzungs- und Erfolgsdruck sein. Diese Freiheit ermöglicht es, eine kleine Erfinderwerkstatt im Kopf zu haben, die kontinuierlich aktiv ist, ohne dass sie zu viele Energien raubt. Wenn dann eine neue Idee auftaucht, gibt es ein inneres Lächeln nach dem Motto: Sieh mal an, das ist ja auch ein spannender Aspekt!

Sabin Bergmann ist Telefontrainerin mit Leib und Seele. Ihr gelingt es durch eine ganz klassische Methode, sich frei vom Umsetzungsdruck zu halten. Überall in ihrer Umgebung liegen Blöcke mit gelben Klebezetteln. Und jeder Gedanke wird sofort aufgeschrieben. Die Idee ist festgehalten und der Kopf wieder frei. Im Businessumfeld weicht sie auch schon mal auf einen schicken weißen Block in schwarzem Leder aus, aber eigentlich ist der gelbe Klebezettel der Ideenspeicher ihrer Wahl.

Ob Sie Ihre Ideen mit gelben Zetteln, elektronisch, mit Kuli auf der Handinnenfläche oder schlicht mit einem ungewöhnlich zuverlässigen Gedächtnis sammeln, ist egal. Wichtig ist, dass Sie Ihre Ideen willkommen heißen, sich aber gleichzeitig nicht unter Druck setzen, unbedingt kreativ sein zu müssen oder anwendbare Ideen zu produzieren. Sie können später immer noch entscheiden, was Sie mit den Ideen machen. Machen Sie sich komplett frei vom Umsetzungsdruck.

Als Zweites benötigen Sie einen Automatismus, der Ihre Ideenwerkstatt im Kopf anstößt. Der simple Vorsatz «man müsste mal wieder neue Ideen produzieren» wird auf Dauer nicht funktionieren. Wenn Christine Proske eine neue Projektidee für ein Buch hat, dann greift ihre innere Ideenwerkstatt begierig alle Anregungen auf, die sie nur kriegen kann. Bei Andreas Hartwig sind es die Begegnungen mit neuen Menschen, die ihn anregen. Bei Gernot Pflüger ist es der Spaß am Nachdenken und Infragestellen und bei Claudia Kemfert ist es die Neugier, die Dinge zu verstehen.

Versuchen Sie doch herauszufinden, wie, wann und wo Ihr Ideenmotor im Kopf zündet. Ihr persönlicher Motivator in Kombination mit der Freiheit vom Verwertungszwang wird die kontinuierliche Ideenproduktion fördern.

Sicherlich gibt es auch immer wieder Situationen, in denen Ihre Ideenwerkstatt besonders gefragt ist. Bei Cord Haack beginnt ein kreativer Prozess immer dann, wenn er an Grenzen stößt. Als Flugzeugingenieur in einem großen Konzern können diese erlebten Grenzen ganz unterschiedlich sein. Sie können technischer Natur sein, wenn ein Problem auftaucht, dass gelöst werden muss. Sie können aber auch organisatorischer Natur sein, wenn beispielsweise eine wichtige Projektgruppe aufgelöst wird, wenn Ressourcen gestrichen werden oder wenn zu enge Meilensteine gesetzt werden. Auf solche Situationen reagieren viele Menschen anders als Haack. Sie erleben sich als Opfer, sind enttäuscht über falsche Entscheidungen und fallen in eine passive Haltung nach dem Motto: «Wenn die da oben endlich die richtigen Entscheidungen treffen, können wir hier auch vernünftig arbeiten.» Sie fühlen sich klein und machtlos. Wenn es Ihnen aber gelingt, eine solche Grenze als Anstoß für eine kreative Phase zu nehmen, befreien Sie sich damit aus der Opferhaltung. Das Auftauchen von Grenzen als normalen Teil unseres Lebens zu begreifen, hat einen doppelten Nutzen. Wir sind gelassener, wenn mal wieder nicht alles so läuft wie geplant und gewünscht. Außerdem ist es ein motivierender Anlass, die eigene Ideenwerkstatt anzustoßen.

Ob in seinem Ingenieurbüro genug erfunden wird, beurteilt der Ingenieur Ulf Inzelmann mit seiner so genannten Vier-Topf-Theorie. Für eine Aufgabenstellung müssen so viele Ideen produziert werden, dass vier Alternativen in der Pipeline sind. Oder, um im Bild der Kochtöpfe zu bleiben: Es müssen immer vier Töpfe auf dem Herd stehen. Brennt in einem etwas an oder geht es geschmacklich daneben, stehen drei andere bereit.

TEIL 2: Chancen erkennen – Raus aus der Reflexfalle

Ein Imbiss in den 70er-Jahren, Sie haben Durst auf Kaffee und sagen: «Einen Kaffee bitte!» Sie bekommen Ihren Kaffee und sind glücklich. In einer Kaffee-Lifestyle-Filiale heutiger Kaffeehausketten ist die Bestellung einer Tasse Kaffee eine weitaus schwierigere Angelegenheit. Das Personal will eine sehr ausdifferenzierte Entscheidung von Ihnen: Sie dürfen zwischen mindestens 14 verschiedenen Möglichkeiten wählen. Die Entscheidung, die Qual der Wahl, ist eine echte Herausforderung.

Im Schlaraffenland Ihrer Chancen haben Sie genau das gleiche Problem: Sie müssen sich für einige wenige Chancen entscheiden. Die Auswahl wächst schneller, als Sie vielleicht denken, wenn Sie, wie im vorigen Kapitel beschrieben, nach allen Regeln der Kunst Ihre Chancen erzeugt haben. Es gilt also, sinnvoll auszuwählen.

Dabei hilft es üblicherweise, bei der Auswahl Ihrer Chancen drei bewährte Phasen zu berücksichtigen. Sie sichten zunächst die vorhandenen Chancen, dann bewerten Sie diese und entscheiden schließlich, welche Sie verfolgen möchten. Da es meist nicht nur um den Kaffeedurst geht, sondern um weitreichendere Weichenstellungen, lohnt es sich, diese Phasen etwas genauer anzuschauen. Sie kennen sicherlich das Gefühl, vor einer schwierigen Entscheidung zu stehen. So ging es auch dem

Ingenieur Achim W. Er kam zum Coaching und hatte ein klares Anliegen: Helfen Sie mir bei einer wichtigen Entscheidung, die ich nächste Woche treffen muss: Ich habe durch mein Engagement in einem Businessnetzwerk zufällig einen alten Bekannten aus Schulzeiten getroffen, der in der gleichen Branche arbeitet. In seinem Unternehmen suchen sie derzeit einen neuen technischen Geschäftsführer. Das Spannende ist, dass der Inhaber des Unternehmens ein alter Studienkollege ist. Seit Monaten bin ich sehr unzufrieden mit meiner Karriere bei meinem Arbeitgeber, einem internationalen Konzern. Ich arbeite bis zum Umfallen und trotzdem ist die seit langem anstehende Beförderung bisher an mir vorbeigegangen.

Ich kann A: bei meinem jetzigen Arbeitgeber kündigen und die Sicherheit des internationalen Konzerns aufgeben oder B: das Angebot des mittelständischen Unternehmens ausschlagen und auf die Leitungsposition mit Beteiligungsoption verzichten.

Spannend ist hierbei, was in Achim W. vorging. Er trug die Frage schon seit Wochen mit sich herum und fühlte sich mit dem Rücken an der Wand. A oder B, B oder A, A oder B? Seine Gedanken drehten sich im Kreis. Mir als Außenstehendem war recht schnell klar, dass es außerhalb der A-oder-B-Zwickmühle weitere Alternativen geben wird, etwa eine A2- oder eine C-Variante. Für Achim W. nicht. Das ist ein ganz typisches Phänomen: Wenn der emotionale Druck steigt, verengt sich die eigene Wahrnehmung. Sowohl in äußeren als auch in inneren Konflikten neigt der Mensch dazu, die Welt plötzlich nur noch in Schwarz oder Weiß zu sehen. Farben und sogar Grautöne verschwinden, man neigt zu eindimensionalen Entscheidungen. Genau so erging es Achim W. in seiner Problemtrance.

Wahrnehmung erweitern

Der erste Schritt im Coaching war es deshalb, den engen Fokus seiner Wahrnehmung zu erweitern – damit er die vielfältigen Möglichkeiten sehen konnte. Doch ist es nicht einfach, die eigene Gefühls- und Gedankenautobahn zu verlassen. Ich unterstützte Achim W. also darin, eine Beobachterposition aufzubauen, die Situation mit Abstand zu seinen unangenehmen Gefühlen zu betrachten und seine Sinne wieder zu öffnen.

So erarbeiteten wir weitere mögliche Vorgehensweisen. Er könnte ein Gespräch mit seinem jetzigen Chef führen, ihm von der Alternative berichten und ein klareres Statement als bisher zu seinen Karrieremöglichkeiten einfordern. Er könnte ähnlich mit der Personalabteilung sprechen oder auf dem anstehenden Kongress in der nächsten Woche aktiv den Kontakt zum technischen Vorstand suchen. Zur Verbesserung seiner Einschätzung könnte er zwei Tage Urlaub nehmen und das mittelständische Unternehmen von innen betrachten. In einem Gespräch mit einem branchenkundigen Personalberater könnte er seine Marktchancen insgesamt noch einmal abklopfen. Achim W. war verblüfft, wie viele eigentlich nahe liegende Alternativen er in den letzten Tagen komplett ausgeblendet hatte.

Nach einer ersten Erleichterung über die neuen Alternativen meldete sich Achim W.'s Unterbewusstsein und er spürte erneuten Druck. Er wollte schnell die richtige Lösung herausfiltern und damit das Problem lösen. Was sein Unterbewusstsein nicht akzeptieren wollte, war die Tatsache, dass es gar nicht möglich war, die wirklich richtige Alternative zu wählen. Die Situation und die möglichen Auswirkungen waren so komplex, dass man die Entscheidungsmöglichkeiten und ihre Wechselwirkungen nicht eindimensional auf einer Skala von eins bis zehn bewerten konnte.

Zu viele Kriterien spielten eine Rolle. Einige Dinge konnte man gar nicht abschätzen und so war es recht frustrierend, dass uns all die schönen neuen Alternativen nicht zu einer einfachen Lösung brachten. Auch hier haben wir es mit einem typischen Phänomen zu tun: Viele Entscheidungen sind alles andere als trivial, weil zu viele Komponenten und Unwägbarkeiten nicht berechenbar sind. Es gibt einfach keine eindeutig beste Variante.

Was Achim W. in diesem zweiten Schritt erreichen kann, ist lediglich eine subjektive Einschätzung von wahrscheinlichen Auswirkungen der Alternativen – nicht mehr, aber eben auch nicht weniger. Das ist gerade für das Gefühlsleben und den Denkstil eines Ingenieurs eine extreme Herausforderung. Schließlich besteht die Ingenieursarbeit vornehmlich darin, die Machbarkeit von Lösungen durch allerlei Berechnungen mit harten Fakten zu untermauern und belastbare Vorhersagen über das Funktionieren in der Zukunft zu machen. In Achim W.'s aktueller Situation war das nicht möglich. Die Belastbarkeit eines komplexen Stützpfeilers aus Hightechmaterial mag berechenbar sein, die Folgen eines Jobwechsels letztlich nicht.

Wir analysierten die vielfältigen Vor- und Nachteile der Alternativen und konnten so die Handlungsalternativen immer besser einschätzen. In diesem Prozess kristallisierten sich einige Kombinationen heraus, die Achim W. nun, mit Abstand betrachtet, günstig erschienen. Er beschloss, seinen Chef direkt auf seine Unzufriedenheit mit dem aktuellen Verlauf seiner Karriere anzusprechen. Außerdem würde er von seiner Jobalternative berichten, um deutlich zu machen, dass Vertröstungen ihm nicht weiterhelfen. Parallel wollte er das mittelständische Unternehmen durch Gespräche mit den Abteilungsleitern besser kennen lernen und mit dem Inhaber um eine einmonatige Verlängerung der Frist verhandeln. So würde er mehr Klarheit über beide Optionen erhalten und könnte zu einer besseren Einschätzung kommen. Und er wollte heute und morgen auf jeden Fall rechtzeitig Feierabend machen, um einer drohenden Erkältung vorzubeugen. Dieser Weg war weit weg von der ursprünglichen A-oder-B-Zwickmühle und Achim W. war zufrieden.

So dachte ich also, dass mit einem neuen Lösungsszenario meine Arbeit getan sei. Aber es kam wie bei Kommissar Columbo, den Sie vielleicht im Fernsehen gesehen haben, damals, als die Kaffeeauswahl noch einfach war. Achim W. drehte sich im Hinausgehen mit einem sorgenvoll zerknirschten Gesicht um und sagte, er habe da noch eine Frage. Mir war klar, dass sich nun meine Mittagspause verschieben würde. Was sollte er machen, wenn sein Chef durch das Gespräch den Eindruck bekäme, dass er ihm die Pistole auf die Brust setze, und er sich damit selbst ins Aus katapultiere. Wenn es dann nichts würde mit der anderen Stelle, hätte er sich selbst alle Chancen zerstört.

Wir hätten das Spiel von vorne beginnen können. A: ich verfahre wie besprochen oder B: ich suche nach einer neuen Lösung. Sie ahnen, dass das kein Weg war, der mit meinem Mittagessen kompatibel war. Und es hätte auch nicht geholfen: Die Hürde bestand nämlich in der Schwierigkeit, Entscheidungen zu treffen, ohne genau zu wissen, welche Folgen sie haben. Wer auf die sichere Entscheidung wartet, bei der alle Folgen geklärt und berechenbar sind, kann ewig warten – und das ist für den Alltag, ob im Berufs- oder im Privatleben, meist zu lang. Hinter einem solchen Zögern stecken oft mehr oder weniger starke Widerstände, die sich dann über «unangenehme» Körperempfindungen zu Wort melden. Es können Ängste und auch ungünstige Glaubenssätze dahinterstecken, die man oft nicht bewusst mit sich herumträgt. Achim W. verspürte ein unangenehm flaues Gefühl in der Magengegend, ohne zunächst bewusst benennen zu können, was genau ihm Angst machte. Wir nutzten einen Teil der Mittagspause, um mit speziellen Methoden aus der Prozess- und Embodimentfokussierten Psychologie die versteckten Ängste zu bearbeiten und auf ein angemessenes Maß zu reduzieren. Im Ergebnis ging Achim W. mit einem guten Gefühl zurück in seinen Entscheidungsprozess. Er hatte die Gefühls- und Gedankenautobahn verlassen und konnte die Situation umfassender betrachten. Er konnte den komplexen Sachverhalt von vielen Seiten beleuchten und war letztlich in der Lage, eine Entscheidung zu treffen, deren Folgen er mit Offenheit und Zuversicht begegnen würde. Das Coaching ist übrigens schon eine Weile her, Achim W. blieb damals zu verbesserten Konditionen bei seinem Arbeitgeber und genießt mittlerweile die inhaltlichen Herausforderungen einer Professur an einer technischen Hochschule.

Leidenschaften und Visionen

Corny Littmann hat in seinem Leben Chancen ergriffen, die sich, auch für ein großes Publikum sichtbar, gut entwickelt haben. Im Gespräch über diese Weichenstellungen wurde mir deutlich, dass Littmann eine ganz besondere Art hat, mit Gelegenheiten umzugehen, die das Leben bietet. Sei es bei der Gründung der Musikgruppe «Brühwarm», bei der Gründung des «Schmidt Theater» in Hamburg oder auch bei anderen Entscheidungen mit weniger öffentlicher Sichtbarkeit. Er spricht davon, dass er solche Entscheidungen intuitiv trifft. Weniger das Denken spiele eine Rolle für ihn als vielmehr das Bauchgefühl. Und wenn er erzählt, in welcher Weise er diese Entscheidungen trifft, dann spürt man sehr deutlich, dass Littmann viel Vertrauen zu seinem Bauchgefühl hat. Er kann sich darauf verlassen, dass es ihn auf direktem Wege zu seinen Leidenschaften und Sehnsüchten führt. Dieser direkte Draht zu den eigenen Leidenschaften und Sehnsüchten ist nicht selbstverständlich. Bei vielen Menschen ist dieser Weg mit Umwegen oder Sackgassen gespickt. Dann entscheidet sich das Bauchgefühl schon mal dafür, es in übertriebener Weise anderen recht zu machen, in aussichtslosen Situationen trotzdem mit dem Kopf durch die Wand zu gehen oder Chancen vor lauter Angst lieber nicht zu ergreifen.

Für ein sicheres und gesundes Bauchgefühl ist Angst nach Littmanns Erfahrung ein schlechter Ratgeber. Respekt und angemessene Vorsicht gehören sicherlich dazu, aber eben keine übertriebene Angst. Ebenso hilft es, wenn man sich seine Sehnsüchte eingesteht: Was man wirklich im Innersten möchte, vor Augen zu haben, und es trotzdem auszuhalten, dass diese Wünsche im Moment nicht in Erfüllung gehen. Diese Geduld gehört genauso dazu wie das beherzte Zugreifen, wenn sich dann die Gelegenheit bietet. Littmann hatte sich seit einiger Zeit vorgenommen, einen Marathon zu laufen. Als das «Hamburger Abendblatt» anrief auf der Suche nach einem Promi in der Laufgruppe, sagte er sofort zu. Auch die Inszenierung der Oper in Rostock lief nach demselben Muster ab. Mit 50 hatte er den Wunsch, einmal eine Oper zu inszenieren, und sechs Jahre später fragte man ihn, ob er in Rostock eine Georg Kreisler Oper inszenieren würde. Klar, dass er sofort zugriff.

Aber zum Zugreifen gehört ebenso das Loslassen. Als Corny Littmann im Mai 2010 als Präsident des Hamburger Fußballclubs «FC St. Pauli» zurücktrat, waren viele in seinem Umfeld verwundert. Jetzt, da der Club in die erste Bundesliga aufgestiegen war, könne er doch den Erfolg erst so richtig genießen. Aber für Littmann ging es um etwas anderes. Ihn interessiert das Aufbauen, interessieren neue Projekte, spannende Innovationen.

Den Verein aus finanziellen Schwierigkeiten heraus und sportlich bis in die Bundesliga geführt zu haben, war für ihn das Maximum, und so war es nur konsequent, den Posten nun aufzugeben. Dieser vertrauensvolle Zugang zu den eigenen Leidenschaften und Sehnsüchten ist sehr hilfreich, wenn man entscheiden will, welche Chancen man ergreifen möchte und welche man loslässt. Nun hat nicht jeder das Glück, diesen direkten Zugang zu haben, und es lohnt sich, sich diesen Aspekt der eigenen Bedürfnisse und Motive etwas näher anzuschauen.

Es braucht erstens einen gesunden Respekt vor den Folgen des Handelns, aber keine übertriebene Angst. Zweitens das Bewusstsein über die eigenen Leidenschaften und Sehnsüchte und drittens Geduld für die richtige Gelegenheit, bei der man dann beherzt zugreifen kann.

Was mich im Innersten bewegt

Ali Turgut agiert in seinem Job als liebevoller König, der die Gäste in seinem Reich willkommen heißt und mit Inbrunst alles dafür tut, dass sie sich bei ihm wohlfühlen. Gemeinsam mit seinem Kompagnon Ahmad Morilotfi betreibt er einen Friseurladen, in dem die Gastfreundschaft das Haareschneiden auch zu einem die Seele stärkenden Erlebnis macht. Die Qualität des Handwerks ist eine Selbstverständlichkeit. Es ist die Art der Kundenbetreuung, die Turgut und Morilotfi im Innersten bewegt. Eine solche Art der Gastfreundschaft kann man nicht aufsetzen. Sie kommt von innen und erzeugt eine ganz besondere Qualität.

Petra Küsel ist Marketingmanagerin und betreut Anzeigenkunden im Verlagswesen. In diesem Metier ist derzeit besonderer Ehrgeiz gefragt, da die Finanz- und Wirtschaftskrise den Anzeigenmarkt hat einbrechen lassen. Sportlicher Ehrgeiz ist für Küsel sehr vertraut. Sie spielt seit ihrem zehnten Lebensjahr begeistert Handball und wurde als Jugendliche als Talent entdeckt. Sie ergriff ihre Chance und schaffte es bis in die Bundesliga. Um so weit zu kommen, braucht es nach ihrer Erfahrung 80 Prozent Talent und 20 Prozent Involvement, wie sie es nennt. Auch wenn das Talent den größeren Teil ausmacht, so ist dieses besondere Maß sich einzulassen, sich zu engagieren, sich mit Haut und Haaren der Sache zu verschreiben ein wichtiger Baustein, der den Unterschied macht.

Wenn sie über ihren Antriebsmotor, über ihr Involvement, spricht, unterscheidet sie zwischen Leidenschaft und Begeisterung. Während die Leidenschaft als positives, motivierendes Grundgefühl über eine längere Zeit trägt, ist die Begeisterung eher ein emotionales Hochgefühl für den Moment. In Küsels Handballkarriere kam beides zusammen. Die Leidenschaft trug ihr Engagement über Jahre hinweg. Für den Erfolg als Handballerin verzichtete Sie auf vieles, was zum Alltag ihrer Altersgenossinnen gehörte. Die Begeisterung war die spürbare Belohnung nach einer erfolgreichen Trainingseinheit, bei einem guten Zusammenspiel im Team und natürlich nach einem Sieg der Mannschaft.

Natürlich ist es für die meisten Menschen ein Problem, die Messlatte einer Leistungssportlerin anzulegen. Diese Kombination aus Talent, Involvement und Gelegenheit ist selten.

Es lohnt sich jedoch, die eigenen Leidenschaften und Begeisterungen genau unter die Lupe zu nehmen. Die Belohnung ist eine nachhaltige innere Motivation. Das eigene Tun ist dann weniger von Pflichtgefühl, Überwindung und Durchhalten geprägt als vielmehr durch die lustvolle und erfüllte Beschäftigung mit einer Sache.

Petra Küsel hat ihre Zeit als Profisportlerin als eine ganz besonders intensive und erfüllte Lebensphase in Erinnerung. Sie ist sich aber auch bewusst, dass das intensive Beschäftigen mit einer Sache auf Dauer Gefahren mit sich bringt. Sie hat das erlebt, als sie mit ähnlichem Engagement Marketingprojekte vorantrieb. 60 bis 70 Stunden Arbeit pro Woche mit regelmäßigen Einsätzen am Wochenende war ein Lebensstil, den sie irgendwann nicht mehr wollte. Die Leidenschaft verführt dazu, Prioritäten zu verschieben, manchmal zu Lasten wichtiger Lebensbereiche. Die Work-Life-Balance gerät dann aus dem Gleichgewicht. Küsel nahm eine Auszeit in Form eines Sabbaticals. So konnte sie ihrem Arbeits- und Privatleben einen neuen Rhythmus geben, mit dem sich nun alle wichtigen Lebensbereiche in einem gesunden Gleichgewicht gut zusammenfügen. Beruf, Hobbys, Freundschaften und Familie haben ihren für sie angemessenen Raum.

Wer seine Energien und sein Engagement auf mehrere ihm wichtige Bereiche aufteilt, sorgt nicht nur für Balance im täglichen Leben. Sollte auch einmal ein Projekt nicht rund laufen, findet er in den anderen Bereichen einen Ausgleich.

Beim Thema Leidenschaft und Begeisterung kommt es auf das richtige Maß an. Wer zu wenig davon hat, dem fehlt es an innerer Motivation, die ihn auf seinem Weg mit Selbstverständlichkeit und Leichtigkeit trägt. Fokussieren sich Leidenschaft und Begeisterung in hohem Maße auf nur einen Aspekt des Lebens, lohnt es sich zumindest, den möglichen Preis im Auge zu behalten, den man in anderen Lebensbereichen dafür bezahlen muss.

Und was ist jetzt das richtige Mindestmaß für Leidenschaft und Begeisterung? Petra Küsel empfiehlt jungen Kolleginnen und Kollegen, in Beruf und Privatleben nach den Dingen Ausschau zu halten, die sie wirklich motivieren. Und wenn sie diese dann entdeckt haben, auch beherzt mit einem «Go for it!» anzugehen. Finden Sie für sich heraus, wie groß Ihr persönliches Bedürfnis an Leidenschaft und Begeisterung ist, um ein grundsätzliches positives Lebensgefühl zu erhalten. Manche Menschen benötigen jeden Morgen einen Schub, anderen reicht es einmal im Monat. Überprüfen Sie für sich selbst, wie oft und in welchen Lebensbereichen Sie morgens mit einem «Go for it!» aufstehen wollen.

Beate Wedekind ist mit Leib und Seele Journalistin. Oft wird sie bei Veranstaltungen und in Talkshows vorgestellt als ehemalige Chefredakteurin der «Bunte». Das stört sie gewaltig, da ihr zum einen die erfolgreiche Einführung der Frauenzeitschrift «Elle» auf dem deutschen Markt wichtiger ist und weil sie sich zweitens damit falsch beschrieben fühlt. Sie ist Journalistin und die Leidenschaft und Begeisterung für ihren Beruf drückt sich in den unterschiedlichsten Projekten aus. Ob sie sich nun für die Stiftung «Menschen für Menschen» in Äthiopien engagiert, ob sie junge Unternehmer beim Aufbau einer Filmproduktionsfirma unterstützt oder ob sie ihre täglichen Blogeinträge im Internet veröffentlicht. Dieses Erleben des Neuen, das Kennenlernen von anderen Menschen überall auf der Welt macht für sie das Besondere an ihrem Beruf aus.

Wedekind hat diese Leidenschaft erst im Laufe der Zeit entdeckt. Sie startete mit einer Banklehre in das Berufsleben, auf Anraten ihres Vaters. Erste Anzeichen für Ihre Entdeckernatur zeigten sich, als eine Freundin ihr von einer Tätigkeit als Flugbegleiterin vorschwärmte und sie sich sofort angezogen fühlte von der Möglichkeit, neue Länder und neue Menschen kennen zu lernen. Durch Zufall entdeckte sie in der «Zeit» eine Anzeige, in der Menschen gesucht wurden für die Mitarbeit in Entwicklungsprojekten, die in der Lage waren, «dicke Bretter zu bohren». Es stellte sich heraus, dass ihre Banklehre in diesem Fall der Schlüssel war, da genau die hier erworbenen Kompetenzen gefragt waren. Wedekind ging für zwei Jahre nach Äthiopien, das Land, für das sie sich auch später weiterhin engagieren sollte.

Dass der Journalismus ihre Leidenschaft ist, entwickelte sich erst nach etwa zehn Jahren Berufserfahrung. Freunde und Wegbegleiter motivierten sie mit Nachdruck, ihren damaligen Sekretariatsposten aufzugeben und ihr offensichtliches Talent für Kommunikation, Schreiben und Reden im Bereich Journalismus zu nutzen. Nach 40 Absagen auf Bewerbungsschreiben schien das kein Erfolgsmodell, aber wie der Zufall es so wollte, fand sie die Anzeige eines persischen Teppichhändlers. Dieser hatte einen Zeitungsverlag gekauft und baute ein Redaktionsteam auf. Sie ahnen es schon, in einem so spannenden Umfeld musste es klappen. So begann Wedekinds Karriere als Journalistin spät aber nachhaltig und sie wurde in kurzer Zeit zu einer erfolgreichen und international vernetzten Journalistin.

Auch für Michaela Kaiser gibt es einen Kern, der sie im Innersten bewegt, der sich über die Jahre immer weiterentwickelt hat und der sie beim Fotografieren antreibt. Wenn sie Menschen vor der Linse hat, ist sie auf der Jagd nach Beziehungserlebnissen. In diesen Momenten als Jägerin ist ihre volle Konzentration auf die Menschen gerichtet, die sie fotografiert, auf ihre Stimmungen und Gefühle. Sie fasziniert sowohl ihre Beziehung zu den fotografierten Menschen als auch die Beziehung zwischen den Menschen vor ihrer Kamera. Es ist für sie wie ein Eintauchen in andere Lebenswelten. Diese Begeisterung hat sie in ähnlicher Form auch in ihren früheren beruflichen Stationen motiviert. Sei es in der künstlerischen und journalistischen Betreuung von Strafgefangenen, als Seminarleiterin in der Aidsaufklärungskampagne, als Moderatorin von Veranstaltungen bei der Arbeit mit Jugendlichen und Erwachsenen oder auch bei ihren zahlreichen privaten Reisen in ferne Länder. Bei der Fotografie kann sie all ihre Erfahrungen nutzen. Sie baut zu den Menschen eine besondere Beziehung auf und bekommt so das gewisse Etwas in ihre Bilder. Von ihren Motiven bekommt sie häufig die Rückmeldung, dass sie sich in ihrer Persönlichkeit erkannt fühlen, sich auf den Bildern wiedererkennen und leiden mögen.

Sie sehen also: Sowohl bei Beate Wedekind als auch bei Michaela Kaiser hat sich die innere Leidenschaft für ihren heutigen Job erst über die Zeit herauskristallisiert. Manchmal braucht es seine Zeit, bis der eigene innere Motor anspringt. Es geschieht durch zufällige Ereignisse – im Wechselspiel aus zufälligen Begebenheiten, Anregungen und Austausch mit anderen Menschen und dem stetigen Hineinhorchen in das, was einen antreibt.

Manche Menschen haben schon früh einen direkten Kontakt zu ihren Leidenschaften wie Corny Littmann mit seinem treffsicheren Bauchgefühl oder Petra Küsel in ihrer Laufbahn als Profisportlerin. Bei anderen Menschen wie bei Beate Wedekind oder Michaela Kaiser ist es ein dynamischer Prozess mit Erfahrungen, Reflexionen und Umwegen, bis man den eigenen Kern gefunden hat und ihm in seinem Leben die passende Position gegeben hat.

Es lohnt sich auf jeden Fall, diesen Weg zu gehen und immer wieder zu reflektieren, was einen antreibt. Was schätzen andere an Ihnen besonders? Was fällt Ihnen besonders leicht? Worin sind Sie besser als andere, auch ohne Anstrengung? Was liegt vielen Ihrer Aktivitäten im Kern zugrunde? Was erfüllt Sie voll und ganz und lässt Sie Zeit und Raum vergessen?

Achtung: Wenn innere Saboteure das Bauchgefühl manipulieren

«Ich hätte damals auf mein Bauchgefühl hören sollen!» Sicherlich haben Sie sich das schon einmal gedacht. Im Nachhinein erinnert man sich deutlich an das mulmige Gefühl im Magen, die weichen Knie oder das Ziehen im Nacken, das einem sagte, man solle die Finger von etwas lassen, von diesem Vertrag, dieser Beziehung, dieser Entscheidung. Wenn Corny Littmann vor einer Entscheidung steht, spürt er deutlich, was das Bauchgefühl ihm rät. Seine Intuition signalisiert ihm auf diese Weise, ob er seinen Leidenschaften und Sehnsüchten treu bleibt und wie die Erfolgsaussichten sind. Er fährt gut damit, auf das Bauchgefühl zu hören, denn die von ihm so getroffenen Entscheidungen erweisen sich als richtig.

Leider nimmt nicht jeder Mensch und schon gar nicht jederzeit sein Bauchgefühl so deutlich wahr, wie es bei Littmann der Fall ist. Außerdem kann uns das Bauchgefühl auch täuschen. Die Angst vor der völlig harmlosen Spinne an der Wand ist ein Beispiel dafür: Der Bauch schreit «Gefahr», der Kopf sagt, es bestehe keine Gefahr. Oft ist der Widerspruch jedoch subtil und es ist nicht leicht zu klären, ob das Gefahrensignal berechtigt ist, es sich um eine Fehleinschätzung handelt oder innere Saboteure ihre Finger im Spiel haben.

In der Psychologie beschreibt man mit «inneren Saboteuren» Verhaltensmuster, die früher durchaus nützlich waren, heute aber hinderlich sind. Sie sabotieren die eigene Entwicklung, obwohl sie eigentlich etwas Gutes wollen: Was früher nützlich und hilfreich gewesen ist, muss jedoch heute nicht unbedingt mehr sinnvoll sein. Der schon beschriebene Fall von Paula, die sich immer wieder auf die falschen Freunde einließ, macht dieses Prinzip deutlich: Offensichtlich war es für sie als Kind von Vorteil, sich mit ihren Bedürfnissen unterzuordnen und auch dominante Verhaltensweisen zu tolerieren, weil sie in der schwächeren Position war. Das damals nützliche Verhaltensmuster erweist sich bei ihr als erwachsene Frau bei der Partnersuche als innerer Saboteur.

Wie weitreichend die Folgen sein können, wenn man sich auf Menschen einlässt, die einem nicht guttun, beschreibt der Harvard Professor Robert I. Sutton in seinem Buch mit dem einprägsamen Titel «Der Arschlochfaktor». Es berichtet von Menschen, die ihren Mangel an Selbstwert kompensieren, indem sie sich selbst höher stellen als ihr Umfeld und damit andere Menschen abwerten. Von außen betrachtet ist es erstaunlich, dass manche auf diese so genannten Arschlöcher hereinfallen. Offensichtlich versagt in diesem Fall das eigene Bauchgefühl.

Nun muss man dem gescheiterten Bauchgefühl allerdings zugute halten, dass solche narzisstischen Persönlichkeiten oftmals einen besonderen Charme haben. Ein Narzisst begegnet anderen häufig erst einmal sehr offen und bringt seinem Gegenüber Lob und Anerkennung entgegen. Später dann zeigt sich, wie treffsicher er darin ist, die Schwächen des anderen zu erkennen und auszunutzen. Lernt man einen Narzissten etwas besser kennen, sind manipulative Bemerkungen wie die folgende typisch: «Das lief letzte Woche doch so exzellent bei dir, bist du heute nicht so gut drauf?» Wer sich davon beeinflussen lässt, wird fortan versuchen, den Job besonders gut zu machen. In einer dritten Phase lobt und tadelt der Narzisst im Wechsel und unvorhersehbar. Gründe für sein Verhalten jedenfalls sind nicht ersichtlich. Wer unter seinem Einfluss steht, versucht dennoch, Gründe ausfindig zu machen und nach den vermeintlichen Maßstäben zu arbeiten. Er versucht, das Lob und die Anerkennung wiederzugewinnen, die zu Beginn so reichhaltig ausfielen. Diese Versuche aber sind zum Scheitern verurteilt, da der Narzisst keine Maßstäbe hat. Sein Verhalten ist nicht vorhersehbar.

Im Zusammenhang mit dem Bauchgefühl bedeutet das in diesem Beispiel: Der innere Saboteur treibt dazu an, es dem anderen recht zu machen – obwohl das gar nicht möglich ist.

Sie können sich also nicht immer auf Ihr Bauchgefühl verlassen, zumindest nicht auf seinen ersten Impuls. Michael Bohne hat im Rahmen seiner Methode zur Prozess- und Embodimentfokussierten Psychologie die «Big Five» der inneren Erfolgsblockaden definiert. Sie alle sorgen dafür, dass man sich selbst unter Druck setzt, den Fokus der eigenen Wahrnehmung in die falsche Richtung lenkt und damit die Akzeptanz der eigenen Person sabotiert.

Die fünf Saboteure sind:
- Selbstvorwurf
- Fremdvorwurf (Opferhaltung)
- Erwartung an andere (Passivitätsfalle)
- Loyalitätsfalle
- Altersregression

In unserem Beispiel könnte der Selbstvorwurf zum Beispiel lauten, man sei selbst schuld daran, kein Lob mehr zu bekommen.

Der Fremdvorwurf könnte bewirken, dass man die Mitarbeiter dafür verantwortlich macht, dass das Gesamtergebnis nicht mehr anerkannt wird.

Der Saboteur «Erwartung an andere (Passivitätsfalle)» manipuliert zu der Überzeugung, dass man keinen Einfluss auf die eigene Situation hat. Man verbleibt in ihr und wehrt sich nicht mehr. Schuld ist der Chef, so könnte ein Gedanke sein, dessen Verhalten wegen der Überarbeitung und der schlechten Monatszahlen Ursache für die Probleme ist. Wenn sich das ändert, so die Überzeugung, werden sich auch die Probleme lösen.

Die Loyalitätsfalle verhindert beispielsweise die Loslösung aus dem Arbeitsverhältnis, weil der Gedanke vorherrscht, man könne den Chef nicht so im Stich lassen.

Die Altersregression lässt einen in schwierigen Situationen wie ein kleines Kind empfinden und reagieren. Sie beraubt uns unserer Kompetenz als Erwachsener, über die wir in anderen Situationen verfügen.

Im Laufe des Lebens machen wir mehr Erfahrungen, die wiederum auf unsere Intuition wirken. Die Intuition entwickelt sich damit weiter. Und auch Paula, die es vielleicht nicht so gut getroffen hat wie Corny Littmann, kann schließlich immer besser ihr Bauchgefühl nutzen und eine bessere Auswahl bei Freundschaften treffen.

Um aus der Reflexfalle der Intuition herauszukommen, dürfen Sie dem Bauchgefühl also nicht nur den Reflex gönnen, sondern müssen ihm mehr Zeit geben.

Hat die Welt darauf gewartet?

Bettina Tietjen ist eine erfolgreiche Fernsehmoderatorin. In ihrer Karriere hatte sie bei Entscheidungen immer zwei Aspekte im Blick. Zum einen fragte sie sich, was ihr Spaß macht und worin sie gut ist. So hat sie sich die Freiheit genommen, drei Studiengänge zu beginnen, bis sie mit Germanistik, Kunst und Romanistik schließlich die Fächer ihrer Wahl gefunden hatte.

Dabei hat sie sich wenig an anderen orientiert, sondern sehr darauf geachtet, was ihr selbst gefällt und was zu ihr passt. Zum anderen hat sie sich immer die Freiheit genommen, herauszufinden, wo welche ihrer Talente und Fähigkeiten gefragt sind. Beeindruckend im Gespräch mit ihr war, wie leicht und spielerisch sie dabei vorgeht. Wenn etwas zu ihr passt, ist es prima, wenn es nicht passt, sucht sie eben etwas anderes. So hat sie im Laufe ihrer Fernsehkarriere die Moderation von Quizshows und politischen Sendungen ausprobiert und musste feststellen, dass diese Formate nicht ihre Sache sind. Sie hat ein großes Talent für Talkshows. Und so hat sie sich wieder auf dieses Format konzentriert.

Wer offen und konstruktiv mit Feedback umgehen kann und einen realistischen Blick auf die eigenen Fähigkeiten hat, wird die für ihn passenden Chancen auch sehen und ergreifen können. Wenn diese Offenheit nämlich fehlt, verfolgt man vielleicht Wege, die zu einem selbst und seinen Leidenschaften und Sehnsüchten passen, bei denen man aber keine Anerkennung und keine positive Rückmeldung bekommt. So erging es mir zum Beispiel zu Beginn meiner Zeit als Berater, in der ich viel mit Architekten und Ingenieuren zuammenarbeitete. Unser Beratungsprodukt war die effiziente Einführung von Qualitätsmanagement. Insgesamt haben wir über 300 Büros beraten. Ich entdeckte, dass in den Büros die Teamarbeit mehr als in anderen Branchen eine Schlüsselkompetenz ist. Die Qualität der Teamarbeit hat gerade in den kreativen Phasen einen großen Einfluss auf das Ergebnis. Ob alle Aspekte schon früh berücksichtigt werden, ob die Ideen der Teammitglieder konstruktiv aufgenommen werden, ob man schnell und flexibel zum Ziel kommt. Da in der Branche, anders als etwa in sozialen Berufen, die Techniken der Teamarbeit sehr weit vom Berufsbild und der

Ausbildung entfernt waren, war der Wissensbedarf riesig. Diese Lücke wollte ich mit meiner Beratung füllen. Mit viel Energie haben wir damals versucht, diese Beratung zu verkaufen. Aber leider erfolglos. Was wir nicht bedacht hatten, war, dass die Zielgruppe den Bedarf nicht gesehen hat. Die Welt der Architekten und Ingenieure brauchte dieses Produkt also nicht, so sinnvoll es aus unserer Perspektive auch war. Es gibt eben einen Unterschied zwischen dem Bedarf und der Bereitschaft, für diesen Bedarf das erforderliche Geld auszugeben. Wir haben damals an unserer Beratungsidee mit einer Mit-dem-Kopf-durch-die-Wand-Haltung festgehalten. Mit der Tietjen'schen Einstellung hätten wir einfach ausprobiert und mit großer Offenheit geschaut, ob der Markt das Produkt haben will. Und dann hätten wir das Produkt entweder angepasst oder uns vielleicht enttäuscht, aber mit klarem Realitätssinn neuen Ideen zugewandt.

Für Michael Bohne ist eine Chance, die keine Leidenschaft in ihm weckt, keine Chance. Selbst dann, wenn am Markt ein großer Bedarf dafür wäre. Wenn er selbst nicht spürt, dass er auf diesen Bereich wirklich Lust hat, lässt er die Chance ziehen. Michael Bohne kann loslassen. Dieses Loslassen praktiziert er nicht nur bei Chancen, die keine Leidenschaft entfalten, sondern eben auch bei solchen, die keine Nachfrage erzeugen. Er knüpft dabei an die Engpassstrategie von Mewes an. Nur dort, wo auf Kundenseite ein richtiger Engpass ist, ist der Kunde bereit, Leistung einzukaufen. Wenn Sie dann ein Angebot haben, das sowohl Ihre Leidenschaft trifft als auch einen solchen Engpass, ergibt sich eine Eigendynamik, die einen kraftvollen Start Ihres Projektes sehr wahrscheinlich macht.

Viele Menschen begreifen Loslassen als persönliches Scheitern. Scham und Selbstvorwurf überwiegen. Grundsätzlich fällt das

Loslassen leichter, wenn man eine zweite Option in petto hat. Dann ist es nicht das Loslassen des letzten Strohhalms, an dem man sich festklammert, sondern das Auswählen aus verschiedenen Optionen.

Scheitern zuzulassen, von einem Vorhaben loszulassen, ist deshalb eine wichtige Fähigkeit. Damit einhergeht die Offenheit für Feedback. Nur wer es hört und richtig einschätzt, erfährt beispielsweise rechtzeitig, ob es eine Zielgruppe für die angebotene Leistung gibt. Er erfährt ebenfalls schnell, ob er über alle notwendigen Fähigkeiten verfügt, um die Leistung in der erforderlichen Qualität zu erbringen. Das ermöglicht es ihm, sich – falls erforderlich – weiterzuentwickeln oder auch zu spezialisieren.

Hilfreich hierfür ist es, mit den Worten von Bettina Tietjen gesprochen, an sich zu glauben und sich so, wie man ist, anzunehmen. Ebenfalls ist es wichtig, darauf zu vertrauen, dass sich die Dinge schon zum eigenen Vorteil entwickeln werden. Auch dieses Vertrauen ist eine Art des Loslassens. Mit dieser Einstellung wird ein gescheitertes Vorhaben zu einer wichtigen Erfahrung, aus der man lernt – und garantiert keine Ursache für eine persönliche Krise sein.

Was die Welt gestern brauchte, ist nicht unbedingt das, was sie heute oder gar morgen braucht. Das Lernen aus den Erfahrungen anderer hat deshalb seine Grenzen. Es gibt viele Untersuchungen darüber, welches Unternehmen wodurch erfolgreich geworden ist. Interessant finde ich in diesem Zusammenhang, dass die Lebenszeit erfolgreicher Unternehmen viel kürzer ist, als man vielleicht denken mag. Nur sehr wenige Unternehmen, die vor 50 Jahren erfolgreich waren, existieren heute überhaupt noch. Und wenn man sich die Entwicklungen heutiger Unternehmen anschaut, stellt man fest, ähnlich wie es Gernot Pflüger berichtet hat, dass sie sich immer wieder neu erfinden müssen. Sei es der Stahlkonzern, der zum Mobilfunkanbieter wird, wie es bei Vodafone geschehen ist, oder der Gummistiefelhersteller, der sich zum Mobilfunkgerätehersteller entwickelt wie bei Nokia. Was insbesondere in der fernen Zukunft der Schüssel zum Erfolg sein wird, weiß niemand. Wer verschiedene Chancen ergreift und ausprobiert, hat höhere Erfolgsaussichten als jemand, der sich auf eine Idee fokussiert und mit starrem Blick mit dem Kopf durch die Wand gehen will.

Die Kraft der Zielbilder

«Wer Visionen hat, der sollte zum Arzt gehen!», sagte Helmut Schmidt einmal und bringt damit die Unwägbarkeiten des Zukünftigen zum Ausdruck. Wir können uns viele Bilder von unserer Zukunft machen. Aber es stellt sich die Frage, was sie nützen. In welchem Maße ist es sinnvoll, seine eigenen Visionen zu entwickeln, und wo sind die Grenzen?

Der Unternehmensberater Günter M. hat mit einer Vision sehr gute Erfahrungen gemacht. Nach dem Scheitern seiner ersten Ehe fragte er sich, was er in seinem Leben erreichen möchte. Die Arbeit an seinem Zukunftstraum führte zu einem Bild von einem Haus am See. Er lebte dort in seiner Vorstellung mit Familie, vielen Kindern und noch mehr Enkelkindern. Dieses Bild arbeitete er sehr konkret aus. Die Größe des Hauses, die Zimmer, die Beschaffenheit des Gartens, die Lage des Grundstücks, die Zahl der Kinder. Auf der Grundlage dieser Vision hat er dann einen sehr konkreten Plan ausgearbeitet und alle Entscheidungen darauf ausgerichtet. Jetzt, etwa 15 Jahre später, wohnt M. in einem Haus an einem bayerischen See, hat vier Kinder und eine Frau, mit der er die Leidenschaft für das Familienleben am See teilt.

Ganz anders geht die Forscherin Claudia Kemfert mit Zielvorstellungen um. Sie hat sich nie darüber Gedanken gemacht, wann sie was erreicht haben möchte. Sie trifft Entscheidungen aus den Gelegenheiten heraus, die sich ihr bieten. Das Beispiel des Ex-Kanzlers Schröder, der schon in jungen Jahren am Zaun des Bundeskanzleramts gerüttelt haben soll mit den Worten «Hier will ich rein!», ist ihr völlig fremd.

Eine andere Art des Umgangs mit Visionen hat Christian T. Er bezieht seine Vision aus einer eindrucksvollen Erfahrung in seiner Kindheit. Schon als Junge hatte es ihm die Atmosphäre im Haus von Onkel und Tante mit ihren vier Kindern angetan. Dort erlebte er bei Besuchen ein Familienleben, das zum tief verankerten Vorbild für seine Zielvorstellung wurde.

Ulf Inzelmann wiederum nutzt in seinem Ingenieurbüro eine Zwischenlösung aus Fern- und Nahziel. Der Zeithorizont liegt zwischen ein und zwei Jahren und die Visionen haben eine enge Bindung zu den gegenwärtigen Gegebenheiten. Sie sind sozusagen Visionen in Sichtweite, die in besonderer Weise die aktuellen Chancen mit den Möglichkeiten der Zukunft in Verbindung bringen. Derzeit ist die Vision von bundesweiten Standorten die treibende Kraft. Vor einigen Jahren war dies noch gar kein Thema. Und ob das Büro der Europaspezialist, das Welt umspannende Ingenieurwerk oder der hoch spezialisierte Nischenanbieter wird, ist heute noch völlig offen.

Jeder hat den für ihn richtigen Umgang mit Visionen gefunden. Manchen Menschen fällt es leicht, weit in der Zukunft liegende Ziele zu verfolgen. Anderen fällt es leichter, frei von Zukunftsvorstellungen aus dem Moment heraus zu leben.

In meiner Beratungspraxis zeigt sich immer wieder, dass vor allem die Kunden von der Arbeit mit konkreten Zielbildern profitieren, die sich fremdbestimmt und getrieben fühlen. Es sind Personen, die das Gefühl haben, auf dem falschen Weg zu sein, aber keinen Blick mehr dafür haben, wo der für sie richtige Weg liegt, geschweige denn, wie so dorthin gelangen. Ob Sie ein Fernziel oder Nahziel brauchen, ob es konkret ausgestaltet werden sollte oder mehr ein Gefühlsbild sein sollte, kommt auf den Einzelfall und die jeweiligen Bedürfnisse an. Visualisieren Sie Ihr Ziel auf verschiedene Arten, so werden Sie feststellen, welches Zielbild Sie am meisten anspricht.

Wer seine langfristige Lebensplanung angehen will, kann es mit dieser bekannten Frage versuchen: Wie wollen Sie mit 65 Jahren leben? Stellen Sie sich konkret vor, wo Sie wohnen, mit wem Sie leben, welcher Freundeskreis Sie umgibt, welche Beschäftigungen Ihnen Freude machen. Sie können auch noch ein späteres Zielbild ins Auge fassen, das den aktuellen Lebensalltag stärker relativiert, indem Sie sich fragen, was man an Ihrem Grab über Sie erzählen soll. Beide Bilder haben den Vorteil, dass man gezwungen ist, den Blick über den Alltag hinaus zu richten. Sie relativieren manchen aktuellen Stress und laden ein zu Fragen nach dem Motto: Muss ich mir den aktuellen Stress eigentlich antun? Will ich das Ziel wirklich erreichen? Bringt mich diese Tätigkeit wesentlich voran?

Kurzfristige und konkrete Ziele lassen sich mit der weit verbreiteten SMART-Technik nach Peter Drucker nutzen, der sie in seinem Konzept des Management by Objectives beschrieben hat: Formulieren Sie Ihr Ziel

spezifisch,

messbar,

akzeptiert,

realisierbar,

terminierbar.

Mit dieser Technik können Sie konkrete Verhaltensweisen und Entscheidungen auf das Ziel ausrichten. Wenn es aber an Motivation mangelt, ist es hilfreich, Haltungsziele zu formulieren. Diese beinhalten Werte, wie beispielsweise Neugierde oder in einer Gemeinschaft von neugierigen Menschen eingebunden zu sein. Mit diesen Werten sind leicht Bilder zu verknüpfen beziehungsweise komplexe Motivwelten. Solche Zielbilder wirken auch auf das Unbewusste und helfen deshalb dabei, von innen motiviert, zielgerichteter Aufgaben anzugehen.

Wenn Sie sich das für Sie passende Bild ausgemalt haben, können Sie es als inneren Kompass nutzen. Es wird das richtige Maß an Kraft in Ihnen entwickeln, damit Sie Ihr Tun in die für Sie richtige Richtung lenken. Es wird Ihnen als Maßstab dienen, an dem sich auch Ihr Bauchgefühl orientiert. So kann dieses Ihnen nützliche Hinweise bei der Frage geben, welche Chancen Sie ergreifen wollen. Voraussetzung für all das ist, dass Ihre Vision auch Ihren Leidenschaften entspricht und nicht eine Fremdvision ist, die Sie sich angeeignet haben.

Futter für das Bauchgefühl

Die Neurophysiologie hat nachgewiesen, dass Entscheidungsprozesse unwillkürlich ablaufen. Wenn unser Bewusstsein die Entscheidung formuliert, sie rechtfertigt und uns meinen lässt, es handele sich um einen rationalen Akt, hat das Unbewusste bereits Millisekunden vorher die Entscheidung gefällt. Das mag desillusionierend sein. Aber wie man es auch dreht und wendet, das Unbewusste spielt eine große Rolle.

In seinem Buch «Bauchentscheidungen» beschreibt der Psychologe Gerd Gigerenzer die Intuition als die unbewusste Anwendung von Faustregeln. Diese greifen im Gegensatz zu einer vollständigen Analyse die wichtigsten Aspekte einer Situation heraus und treffen auf dieser Basis eine Entscheidung. Was jeweils wichtig ist und welche Faustregeln sinnvoll sind, hängt also wesentlich von den eigenen Erfahrungen ab.

Dieses Modell deckt sich mit den Erfahrungen von Martin Rudolph. Als Leiter der Entwicklungsabteilung eines Kosmetikkonzerns beeinflusst er maßgeblich Entscheidungen zur Entwicklung neuer Hautpflegeprodukte. Diese sind nach seiner Einschätzung nie mit analytischer Sicherheit zu treffen, sondern bleiben letztlich auch eine Bauchentscheidung. Um sich auf diese Bauchentscheidungen verlassen zu können, muss man möglichst viele Entscheidungsfaktoren zueinander in Verbindung bringen. Und an diesem Punkt kommt die Erfahrung ins Spiel. Um eine Entscheidung über die Entwicklung eines neuen Hautpflegeproduktes zu treffen, benötigt man Fachkenntnisse aus der Chemie, Wissen über die Herstellungsverfahren, eine Einschätzung der beteiligten Projektleiter und Fachleute, Erfahrungen mit den Eigenarten des Hautpflegemarktes und schließlich ein Gespür für die Bedürfnisse der Konsumenten. Martin Rudolph hat über die Jahre in all diesen Bereichen Erfahrungen gesammelt und so ein sicheres Gefühl für Produktentscheidungen entwickelt. Er ist sich natürlich bewusst, dass auch seine Intuition keine sichere Voraussage über die Zukunft machen kann. Dennoch vertraut er auf sie, gerade auch dann, wenn er entscheiden muss, welche Projekte weiterverfolgt und welche gestoppt werden sollen. Seine Intuition kann über seine persönlichen Erfahrungen auf alle für eine Entscheidung relevanten Aspekte zugreifen und sie verarbeiten.

Da man aber nicht immer in der luxuriösen Lage ist, alle Aspekte eines Themas bereits bearbeitet zu haben, ist es so wichtig, dem Bauchgefühl ausreichend Futter zu geben, um diese

Lücken zu füllen. Das erzeugt neue Perspektiven und Einsichten in die Bewertung der Chancen und verschafft einen zeitlichen Spielraum. Sicherlich erscheint es manchmal anstrengend, sich Zeit für Vorbereitungen zu nehmen und so viel verlockender, einem spontanen Impuls zu folgen. Dennoch, wer sich Zeit nimmt, hilft seiner Intuition dabei, sich in ihrer vollen Kraft zu entfalten. Es ist ein wenig so wie mit dem Holzfäller, der Stunde um Stunde mit einer stumpfen Säge den Baum bearbeitet und auf die Frage, warum er seine Säge nicht schärfe, antwortet, dass er dafür keine Zeit habe, weil er dem Zeitplan sowieso schon hinterherhinge. Sich Zeit zu nehmen und erst einmal eine Nacht über ein Problem zu schlafen, rät uns schon eine alte Volksweisheit. Bei Entscheidungen kann das äußerst hilfreich sein, um dem Unbewussten die Möglichkeit zu geben, das Entscheidungsfutter gut zu verdauen.

Rainer Elste leitet als kaufmännischer Geschäftsführer die deutsche Schule in Madrid. Diese Aufgabe entspricht eigentlich so gar nicht seiner bisherigen Laufbahn und doch ist sie wie maßgeschneidert für ihn. Allerdings kann man bei seiner beruflichen Laufbahn sowieso nicht von einer Kontinuität im klassischen Sinne sprechen. Erst hat er als ausgebildeter Betriebswirt in einem Hamburger Kosmetikkonzern gearbeitet und anschließend in einer Unternehmensberatung. Normalerweise läuft es umgekehrt. Von da aus ging es in die Selbstständigkeit, um die Zeit flexibler zwischen Familie und Beruf aufteilen zu können. Nebenher schrieb er, mit Mitte 30, eine Dissertation. Nach der erneuten Anstellung bei einer Unternehmensberatung zerschlug die Wirtschaftskrise in Aussicht gestellte Möglichkeiten. Elste hat sich wieder neu orientiert und sich auf die Suche nach einer anderen Aufgabe gemacht. Die Stellenanzeige der deutschen Schule in Madrid hatte er schon überblättert, als ihm im Hinterkopf etwas signalisierte, dass die Anforderungen gut zu seinem Profil passten. Er blätterte zurück und entdeckte, dass die Stellenbeschreibung sogar perfekt zu seinem Profil passte. Es waren sowohl strategisches Denken wie auch eine gute Portion Pragmatismus und Umsetzungskompetenz gefragt – schon lange hatte er nach einem Job gesucht, der diese Anforderungen stellte. Darüber hinaus liegt Madrid für ihn und seine Frau, die aus Südamerika stammt, mit Sprache, Kultur und Lebensweise im Zentrum ihrer internationalen Ehe. Für die beiden kleinen Kinder gab es ebenfalls gute Bedingungen. Die Stellenausschreibung war wie maßgeschneidert.

Elste hat im Verlauf seiner wechselhaften Karriere immer wieder Entscheidungen getroffen, die untypisch waren, sich aber als richtig herausgestellt haben. Bei diesen Entscheidungen benutzt er ein «Kopf-Bauch-Jo-Jo», wie er es nennt. Wie bei einem Jo-Jo pendelt er zwischen der analytischen Perspektive der Zahlen und Entscheidungsmatrizen einerseits und der emotionalen Perspektive der Bilder und Gefühle andererseits. Auf der Kopf-Seite steht die Analyse von Zusammenhängen, Risiken, Chancen und Nebenwirkungen. Auf der Bauch-Seite malt Elste sich möglichst konkret die Folgen seiner Entscheidungen aus. Wenn Kopf und Bauch dasselbe sagen, trifft er seine Entscheidung.

Nutzen, Preise und Nebenwirkungen

Manche Entscheidungen sind eindeutig zu fällen. Jürgen Allerkamp ist gelernter Jurist und arbeitet heute als Vorstandsvorsitzender einer Hypothekenbank. Anfang der 90er-Jahre hatte er die Chance, als Vorstandssekretär bei der Sparkasse in Dresden anzufangen – Hunderte Kilometer von seinem Heimatort entfernt. Die Entscheidung war für ihn und die Familie sonnenklar und so griff er beherzt zu. Der Job war ein so großer Schritt in seine Wunschrichtung, dass er nicht zögerte. Er verlegte mit seiner Familie den Lebensmittelpunkt nach Dresden. Über die damalige Entschiedenheit freut er sich noch heute, da sie mit einer schnellen Integration in das neue Umfeld belohnt wurde.

Heute als Vorstand einer Hypothekenbank steht er ebenfalls vor Entscheidungen, die aber eine ganz andere Tragweite haben als seine damalige private Karriereentscheidung. Es geht um die Entwicklung eines Unternehmens mit vielen Beteiligten – und das in einer Zeit, da niemand weiß, wie es für die Bankenwelt weitergehen wird. In einer solchen Situation baut Allerkamp auf die systematische Analyse neuer Optionen.

Parallel zum Alltagsgeschäft analysiert er neue Chancen und bereitet sie vor, um im Fall des Falles in den richtigen Startlöchern zu stehen. Da die Ressourcen begrenzt sind, ist eine gute Auswahl der zu verfolgenden Ideen entscheidend. Hierfür entwickelt Allerkamp mit seinem Team Kriterienkataloge, mit denen die einzelnen Optionen bewertet werden: Wie praktikabel ist die Option? Wie schnell kann sie realisiert werden? Welche rechtlichen Beschränkungen gibt es? Wie passt die Idee in die Konzernstrategie? Welches Know-how wird benötigt? Welche Investitionen sind nötig? Welcher Bedarf ist zu erwarten?

Dieses analytische Vorgehen ist im unternehmerischen Umfeld ganz selbstverständlich – im privaten Bereich oft nicht. Auch im privaten Bereich kann man jedoch vor Entscheidungssituationen stehen, in denen diese analytische Vorgehensweise hilfreich ist, um das Bauchgefühl mit weiteren Informationen zu füttern. Das ist insbesondere bei Entscheidungen der Fall, die komplex sind, zum Beispiel, wenn ein neuer Job einen Umzug erfordert, der Partner aber beruflich an den jetzigen Standort gebunden ist oder die Kinder an eine bestimmte Schule. Dann kann es durchaus sinnvoll sein, die Methoden eines Unternehmensberaters zu nutzen und sehr analytisch das Für und Wider abzuwägen und sich so den eigenen Entscheidungsprozess zu erleichtern.

Sie definieren dabei den Nutzen einer Entscheidung, den Preis, der dafür zu zahlen ist (und nicht nur den monetären), und die möglichen Folgen. Ihr Bauchgefühl bleibt bei dieser Analyse natürlich aufmerksam. Ein zentraler Punkt ist, trotz der Unmöglichkeit der Vorausberechnung jedem Teil des Entscheidungsprozesses genügend Raum zu geben.

Zunächst sammeln Sie die Fakten, bewerten sie aber nicht. Bei größeren Entscheidungen ist es hilfreich, die Fakten in Listen oder Mindmaps festzuhalten. Dann in einem zweiten Schritt nehmen Sie eine Einschätzung der möglichen positiven und negativen Auswirkungen vor. Dabei berücksichtigen Sie alle Lebensbereiche wie Beruf, Familie, Freundes- und Bekanntenkreis. Erst im dritten Schritt fällen Sie dann eine Entscheidung. Wenn Sie diese Schritte nicht sauber voneinander trennen, besteht die Gefahr von Denkverstrickungen nach dem Muster: «Es wäre schön wenn …, ach nein, das geht ja nicht weil …, obwohl, wenn wir uns so entscheiden, dass …, aber dagegen spricht ja wieder …!» In diesen Verstrickungen kämpft das «Ja» des Kopfes vielleicht mit dem «Nein» des Bauches einen erbitterten Kampf und verhindert sowohl rationale als auch gefühlte Klarheit.

Keine Analyse der Welt wird Ihnen Auskunft darüber geben, wie sich die Zukunft entwickelt, und so bleibt es letztlich immer Ihrer eigenen Intuition überlassen, welche Chancen Sie ergreifen.

Neue Sichtweisen einnehmen

Kennen Sie die Gespräche mit guten Freunden in der Kneipe, bei denen man sich über alle anderen aufregt, über die Politik, über die Nachbarn oder über Freunde, die gerade richtig blöde sind? Das ist pure Selbstbestätigung, manchmal tut das richtig gut, mit anderen einer Meinung zu sein.

Aber wenn man Chancen bewerten will, nützen einem diese Gespräche zur Entscheidungsfindung recht wenig. Die manchmal so wohltuende Bestätigung der eigenen Sichtweise manifestiert dann eher die eigene eingeschränkte Perspektive und verhindert das Einnehmen neuer Sichtweisen.

Gerade bei Prominenten wird es mit zunehmendem Erfolg immer schwerer, ehrliche Rückmeldungen einzuholen. Aus diesem Grunde nimmt Bettina Tietjen die Rückmeldungen ihrer Zuschauer so ernst. Natürlich gibt es dabei auch immer wieder Ausreißer, aber insgesamt bekommt sie dadurch einen wichtigen zusätzlichen Eindruck von ihrer Arbeit. Wenn Sie keinen so hilfreichen Zugriff auf die breit gestreuten Meinungen eines Publikums haben, müssen Sie mit einem kleineren Kreis von Menschen auskommen, der Ihnen zu neuen Perspektiven verhilft.

Bestätigung tut selbstverständlich gut. Dennoch sollten Sie sich nicht nur von Befürwortern Feedback einholen. Fragen Sie gezielt Menschen, die ganz anders als Sie ticken, nach ihrer Meinung. Es kann sehr wertvoll sein, die kritischen und skeptischen Menschen in Ihrem Freundeskreis einzubeziehen. Nehmen Sie sich dabei die Freiheit heraus, mit den eingeholten Meinungen frei und selbstverantwortlich umzugehen. So schaffen Sie für das Gespräch die richtigen emotionalen und sachlichen Rahmenbedingungen. «Ich bin neugierig auf deine Sicht der Dinge. Ich werde sie durchdenken und in meinen Entscheidungsprozess einbinden», könnten Sie zum Beispiel zum Gesprächseinstieg sagen. Es geht nicht um die richtige oder falsche Sichtweise, sondern um eine individuelle Sichtweise. Dadurch können Sie neue Perspektiven einnehmen. Wenn Ihr Gegenüber weiß, dass Sie offen sind für unterschiedliche Sichtweisen, machen Sie es ihm leichter, auch abweichende Meinungen zu äußern.

Sie können in diesen Situationen auch die Trickkiste des Altmeisters der Kreativität Edward de Bono nutzen, die er in seinem Buch «Think! Denken, bevor es zu spät ist» darlegt. Die möglichen unterschiedlichen Haltungen in einem Team symbolisiert er durch sechs unterschiedliche Hüte. Jedes Teammitglied kann sich nacheinander verschiedene Hüte aufsetzen und so in unterschiedliche Rollen schlüpfen. Der gelbe Hut steht für die optimistische Perspektive, die nach Chancen und Vorteilen sucht. Der schwarze Hut steht für die bedenkende und mahnende Perspektive, die Risiken und Gefahren ausfindig macht. Der rote Hut steht für Gefühle frei von Vernunft und Logik. Der blaue Hut beleuchtet die Prozessebene, die nach den nächsten Schritten, der richtigen Organisation und passenden Meilensteinen fahndet. Der grüne Hut steht für kreatives Denken und produziert neue Ideen frei von der Frage, ob diese Ideen realistisch, praktikabel und vernünftig sind. Und der weiße Hut schließlich sammelt alle Sachargumente und logischen Zusammenhänge.

Eine sehr bewährte Strategie ist es, sich darauf zu verständigen, dass alle Beteiligten für fünf Minuten dieselbe Perspektive einnehmen, beziehungsweise denselben farbigen Hut aufsetzen. Das ist eine sehr entspannende Technik, da Rollenaufteilungen vermieden werden, in denen eine Person beispielsweise in die optimistische Ecke rutscht und die andere in gleichem Maße in die Ecke der Bedenken und Risiken. Dann kommt es nur allzu leicht zu Rivalität und nicht zu einer Ergänzung verschiedener Sichtweisen.

Ein Wechsel der Perspektive ist beispielsweise auch schwer, wenn ein Verkäufer die Kundenperspektive einnehmen soll. Je stärker die Person in die Produktion der Dienstleistung verwickelt ist, desto schwieriger ist dieser Wechsel. Vielleicht haben Sie einen Freiberufler oder eine Freiberuflerin in Ihrem Bekanntenkreis. Dann fragen Sie mal danach, was die Kunden besonders schätzen an deren Angebot. Wahrscheinlich kommt eine Antwort der Art: «Tja, das ist gar nicht so einfach zu sagen, es ist schließlich eine ganze Fülle von Dingen, die ich anbiete …»

In Workshops zur eigenen Positionierung kommt man fast nicht ohne die Zusammenarbeit mit Externen aus. Ihnen fällt der Perspektivwechsel viel leichter, weil sie von außen auf die Dinge schauen, die Details in der Regel nicht kennen und damit einen besseren Überblick über das große Ganze haben.

Das Beispiel der Kundenbefragung macht das ganz deutlich. Fragen Sie den Käufer einer Uhr, warum er sich gerade für dieses Modell entschieden hat, argumentiert er zum Beispiel mit Qualität im Allgemeinen oder der Wasserdichtigkeit im Besonderen.

Durch die neueren Methoden der Neurophysiologie hat man herausgefunden, dass Käufer nur einen Teil ihrer Motive preisgeben. Verschwiegen werden könnte in unserem Beispiel das Motiv, mit der Uhr die Zugehörigkeit zu einer bestimmten gesellschaftlichen Gruppe signalisieren zu wollen. Das Verschweigen kann sowohl bewusst als auch unbewusst geschehen. Prüfen Sie deshalb die Aussagen anderer Menschen kritisch. Wichtig zu wissen ist dabei auch: Je stärker die Antwort Ihres Gegenübers emotional gefärbt ist, desto mehr sagt diese Person über sich selbst aus.

Der Körper denkt mit

Sabin Bergmann bietet Telefontrainings an. Als Freiberuflerin vereint sie ihren Spaß an der Kommunikation mit Menschen und ihren Wunsch nach freier Gestaltung ihrer Arbeit. Es gab eine Zeit, in der der Aspekt der freien Gestaltung deutlich zu kurz kam. Die Firma nahm Fahrt auf und die Aufgaben wuchsen ihr über den Kopf. In dieser Zeit hat sie gelernt, auf ihre Intuition zu achten. Wenn nicht ihr Inneres ganz klar «Ja» sagt zu einer Entscheidung, hält sie davon Abstand und überdenkt die Dinge neu, so lange, bis sie eine Lösung gefunden hat, zu der ihr Bauchgefühl ein klares «Ja» signalisiert. Für Bergmann ist es zur Routine geworden, auf die Intuition zu hören und sich die Zeit dafür zu nehmen, eine passende Lösung zu finden – egal, ob es sich um kleinere Entscheidungen handelt oder um weitreichende. Es ist oft gar nicht so einfach, die Geduld dafür aufzubringen und sich nicht vom Entscheidungsdruck mitreißen zu lassen. Je hektischer die Zeiten sind, desto schwieriger ist das.

Die Intuition gibt uns sehr eindeutige Signale, es heißt entweder «Stop!» oder «Go!». Man spricht in diesem Zusammenhang von somatischen Markern. Erfahrungen, die wir gemacht haben, lösen in ähnlichen Situationen bestimmte Gefühle und Körperempfindungen aus. Welche das sind, ist individuell verschieden. Diese Gefühle lassen uns oft reflexartig handeln. Aus dieser Reflexfalle herauszukommen, ist bei komplexen Entscheidungen hilfreich. Es lohnt sich, seine eigenen somatischen Marker kennen zu lernen, sie ernst zu nehmen und den Umgang mit ihnen bewusst zu üben.

Es ist faszinierend, was im Unterbewusstsein alles passiert und wir mit dem Wort «Intuition» zusammenfassen: Es sind komplexe Vorgänge des Vergleichens und Analysierens. Mit bewussten Denkvorgängen hätte man gar keine Chance, die Erfahrungen und Wahrnehmungen in so kurzer Zeit abzugleichen. Oft ist es nur ein Blick, der einem signalisiert, dass es gefährlich wird, oder eine Witterung, die einem sagt, dass hier eine Chance wartet. Und es ist unmöglich, diese Prozesse im Detail nachzuvollziehen. Es ist wichtig, die Intuition als wertvolle Fähigkeit zu schätzen und sie für sich weiterzuentwickeln.

Nehmen Sie sich die Zeit und den Raum, um Ihre körperlichen Signale wahrzunehmen. So wie Sabin Bergmann es sich zur Routine gemacht hat, sich bei jeder Entscheidung Zeit zu nehmen, so werden auch Sie Ihren Weg finden, Ihrer inneren Stimme den Raum zu geben, den sie braucht. Manchen Menschen gelingt das durch Routinen wie Meditation. Wie häufig und mit welcher Technik Sie näher mit Ihrem Bauchgefühl in Kontakt treten wollen, ist erst einmal unerheblich. Wichtig ist vielmehr die Tatsache, dass Sie sich immer mal wieder solche Auszeiten nehmen. Sie können sich dazu einer wesentlichen Grundregel des Meditierens bedienen. Es gilt, die Gedanken und die Gefühle kommen und gehen zu lassen, sie wertzuschätzen ohne sie zu bewerten, sie nicht zu kommentieren oder gar für gut oder schlecht zu befinden. Mit einer solchen inneren Haltung geben Sie sich die Freiheit, die vielfältigen Impulse von Bauch und Kopf zu erkennen. Das ist eine gute Voraussetzung, um im späteren Entscheidungsprozess die vielfältigen Seiten und Vernetzungen der Fragestellung zu beleuchten.

Wenn eine Entscheidung schwerfällt, kann es eine große Hilfe für die innere Stimme sein, sich die möglichen Folgen konkret auszumalen. Wie würde mein Alltag aussehen, wenn ich die Stelle in der Schweiz annehme? Was würde sich konkret für die

Kinder ändern? Wo würden wir wohnen und wie sähe die Wohnung aus? Wie würden wir die Wochenenden verbringen? Was wird aus unseren Hobbys? Ein solch konkretes Bild enthält viel mehr Facetten als eine Kriterienliste mit Bewertungen zwischen null für schlecht und zehn für gut. Und gerade diese vielfältigen emotionalen Facetten kann Ihre Intuition nutzen, um Ihnen bei der Entscheidung zu helfen.

Wenn Sie eine gute Verbindung zu Ihrer Intuition haben, können Sie besser Entscheidungen treffen, beispielsweise welche Chance Sie ergreifen sollten und welche loslassen. Nehmen Sie die körperlichen Signale ernst, liefern Sie sich ihnen aber nicht aus. Wenn Sie sich unsicher sind, was Ihr Bauchgefühl sagt, oder jemand, dem Sie vertrauen, zu bedenken gibt, dass Ihre Entscheidung bedenklich sei, dann füttern Sie Ihre Intuition mit weiteren Sichtweisen – seien es Analysen, seien es Meinungen von anderen Menschen – oder weiteren Bildern, die Sie sich von der zukünftigen Entwicklung machen.

Sie werden feststellen, dass je mehr Chancen Sie erzeugen, umso wichtiger die Intuition bei der Auswahl der Chancen sein wird.

Wenn Sie trotz dieser Maßnahmen sich immer noch nicht zu einer Entscheidung durchringen können, ist es möglich, dass Sie sich in einer Problemtrance befinden. Sie sind gefangen im eigenen Gedankenstrudel. Dann ist der Blick von außen nötig. Wertkonflikte lassen sich nicht ohne weiteres auflösen, wenn sich verschiedene innere Anteile widersprechen. Wenn Privates und Berufliches im Widerspruch stehen. Wenn Liebe und Karriere miteinander ringen. Dann empfiehlt es sich, mit Freunden, Bekannten oder eben auch mit Fachleuten diese unbewussten Verknotungen zu lösen.

Entscheidungen treffen

Das Treffen von Entscheidungen fällt ganz unterschiedlich aus: Mal braucht man nur zuzugreifen, mal muss man neue Wege und Lösungen kreieren, meist ist die Entscheidung der Start in eine offene Zukunft. In jedem Fall lohnt es sich, den Entscheidungsprozess ernst zu nehmen und sich auf das Spiel mit dem Entscheidungs-Jo-Jo einzulassen.

Kombinieren und Kreieren

Entscheidungen nach dem Muster «entweder A oder B» sind selten. Meist möchte man das eine, ohne das andere zu lassen. Es hat allerdings in der Regel keinen Sinn, darauf zu warten, dass eine Entscheidungsalternative auftaucht, die alle Anforderungen erfüllt. Die Wahrscheinlichkeit, dass es solch eine gibt, ist in den meisten Fällen sehr gering.

Daher ist es sinnvoll, von dem auszugehen, was man hat, und die einzelnen Aspekte kreativ zu kombinieren, so dass man eine Lösung für das Entscheidungsdilemma findet. Claudia Cornelsen schreibt Bücher unter eigenem Namen und als Ghostwriterin. Insgesamt hat sie bis heute mehr als 50 Bücher produziert. Das Geheimnis ihrer Produktivität erklärt sie wie folgt: Wenn sie ein neues Pilzrezept kochen will, dann geht sie in den Wald, sammelt Pilze, kehrt zurück in ihre Küche und kreiert dann ein Rezept, das zu den Zutaten passt. Würde sie sich hingegen erst ein Pilzrezept ausdenken und dann in den Wald gehen, um die dazugehörigen Pilze zu sammeln, könnte es sehr lange dauern, bis sie – wenn überhaupt – die richtigen Pilze findet. Und wenn sie keine Pilze, sondern nur Kastanien findet, werden Streichholz-Männchen gebastelt, und gekocht wird, was Kühlschrank und Speisekammer an Resten hergeben.

So ergeben sich auf jeden Fall interessantere Menüs, als die originellsten Kochbücher vorschlagen. Das ist ein schönes Beispiel für den kreativen Umgang mit Entscheidungen: Cornelsen ordnet die bereits vorhandenen Bausteine kreativ an.

Was ich an dieser Vorgehensweise ebenfalls schätze, ist die Orientierung am Bedarf. Wenn ich mich daran orientiere, ist das Ergebnis auf jeden Fall schon mal für viele Menschen von Interesse. Ich entscheide also eher im Sinne des Publikums und nicht an ihm vorbei. Das ist eine der größten Herausforderungen bei der Bewertung und dem Ergreifen von Chancen. Es ist nicht einfach, Entscheidungen zu treffen, die einerseits den eigenen Leidenschaften, Sehnsüchten und Talenten entsprechen und andererseits auch vom Umfeld anerkannt und gewertschätzt werden. Es bedarf oft einer sehr kreativen Phase, um die Erfüllung beider Bedürfnisse unter einen Hut zu bringen.

Hinzu kommt, dass die meisten Situationen komplex sind. Nehmen wir an, Sie entscheiden sich, eine asiatische Kampfsportart zu lernen. Alles, was Sie dabei lernen, wie etwa neue Techniken zur Konzentration, beeinflusst Sie, zum Beispiel Ihre Art zu arbeiten: Sie sind nun sorgfältiger und effizienter. Vielleicht überzeugen Sie Ihren Partner oder Ihre Partnerin auch von der Sportart und Sie haben ein Hobby gefunden, das Sie beide begeistert und die Beziehung bereichert.

Es ist wie mit einem Teich voller Lotusblüten. Er ist voll mit den großen grünen Blättern und hier und da steht eine wunderschöne Blüte über dem Wasser. Wenn Sie nun eine Blüte herausziehen wollen, werden Sie das ganze Lotusblütenfeld in Bewegung versetzen, da es unter Wasser miteinander vernetzt ist. Und da in diesem Geäst ein ganzes Universum an Tieren zu Hause ist, werden auch diese den vermeintlich vorsichtigen Zug an der Blüte spüren.

Eine Entscheidung in einem Bereich Ihres Lebens wirkt sich auf die anderen Lebensbereiche aus. Es lohnt sich, die komplexen, unüberschaubaren Zusammenhänge unter der Wasseroberfläche zu akzeptieren. Im Laufe der Zeit wird sich zeigen, welche Auswirkungen welche Entscheidungen haben. Wenn das offensichtlich ist, können Sie immer noch Ihren Kurs korrigieren.

Da musste ich zugreifen!

Kerstin Hagemann engagiert sich seit über 25 Jahren für die Belange von Patienten, die durch ärztliche Behandlungsfehler geschädigt worden sind. Auslöser war ihr eigenes Schicksal. Fehlerhafte Operationen der Hüftgelenke führten dazu, dass sie seit dieser Zeit auf einen Rollstuhl angewiesen ist. Nach dem ersten Schock über diesen Schicksalsschlag erwachte in ihr der Wunsch, sich nicht nur für sich, sondern auch für andere Patienten mit einem ähnlichen Schicksal einzusetzen. Ihre Berufung wurde für sie zum Beruf und sie gründete die Patienten-Initiative Hamburg. Mittlerweile ist ihre Expertise auch von anderen Akteuren des Gesundheitssystems wie den Krankenkassen und Krankenhäusern gefragt. Der Startschuss für ihr weit über die persönliche Betroffenheit hinausgehendes Engagement war, dass sie zufällig andere Patienten des gleichen Arztes kennen lernte. Über viele Umwege erfuhr schließlich ein Redakteur der «Hamburger Morgenpost» von ihrer Geschichte und schrieb darüber. Dieser Artikel führte zu einem öffentlichen Interesse, das sie nicht erwartet hatte und das – von einem Augenblick auf den anderen – ihre berufliche und persönliche Entwicklung prägte.

Oft sind es Zufälle, die zum Zugreifen einladen. Absolut einmalige Gelegenheiten, die in dieser Form nicht wieder auftreten werden.

Margarita Klein begann ihre Karriere wie schon beschrieben als Hebamme. Um einen Ausbildungsplatz zu bekommen, hatte sie sich damals bei vielen Hebammenschulen beworben. Leider zunächst ohne Erfolg. Sie wurde überall abgelehnt. Meist wurde das begründet mit ihrer Überqualifikation durch ihren universitären Abschluss als Diplom-Pädagogin. In dieser Zeit jobbte sie als Postbotin und war für einen Bezirk eingeteilt, in dem auch eine der begehrten Hebammenschulen lag. Zufällig stellte sie an dem Tag, nachdem sie die Absage erhalten hatte, ein Einschreiben zu, das vom Leiter der Hebammenschule unterschrieben werden musste. Das war für sie eine Gelegenheit, bei der sie einfach zugreifen musste. Sie sprach den Leiter der Schule auf ihre Bewerbung an und erzählte im gleichen Atemzug, warum sie Hebamme werden wollte, was sie an dem Beruf so begeisterte und wie sehr sie sich einen Platz wünschte. Dass Klein diese Gelegenheit spontan ergriff, sollte sich auszahlen. Sie bekam schließlich doch noch einen Ausbildungsplatz und konnte sich so ihren Traum erfüllen und einen weiteren Baustein für ihre weitere Entwicklung legen.

Das Zugreifen fällt besonders leicht, wenn man sich im Klaren ist, welche Dinge einen wirklich bewegen. Wenn Corny Littmann sich klar darüber ist, dass er mal einen Marathon mitlaufen und eine Oper inszenieren möchte, dann fällt das Zugreifen beim Anruf vom «Hamburger Abendblatt» zur Marathonaktion und bei der Anfrage der Rostocker Oper natürlich leicht. Gleichzeitig ist Geduld erforderlich. Wer viele Vorhaben hat und sich nicht unter Druck setzt, sie alle in naher Zukunft umsetzen zu müssen, gibt sich die Chance, auf die richtige Gelegenheit zu warten – und nicht heute schon nach der womöglich nur zweit- oder drittbesten zu greifen. Dieses entspannte Warten auf die richtige Gelegenheit praktizierte auch Claudia Kemfert. Sie hat in ihrer Laufbahn als Wissenschaftlerin nie eine konkrete Vorstellung über ihre nächsten Karriereschritte gehabt. Sie war immer offen für die Gelegenheiten, die sich ihr boten. Sie hat mit viel Energie neue Chancen erzeugt, indem sie angetrieben von Neugier und Lernbereitschaft ihr Netzwerk entwickelt hat. Mit dem Kopf durch die Wand zu gehen, ist ihr fremd.

Eine Mischung aus Geduld und Klarheit über die eigenen Leidenschaften und Interessen sowie ein richtiges Maß an Entscheidungsfreude können Ihnen helfen, gelassen auf die günstigen Chancen zu warten und dann kraftvoll zuzugreifen. Ein Warnhinweis ist mir allerdings noch ein Anliegen. Beherztes Zugreifen kann gefährlich werden, wenn Sie alles auf eine Karte setzen. Wenn ein Moment der Unsicherheit da ist, ist es wichtig, auf seine Warnsignale zu hören und diesen wenigstens einen kurzen Moment der Beachtung zu gönnen. Diese fünf Minuten gibt es eigentlich immer.

Entscheidungen auf Probe
Claudia Cornelsen ist nicht nur Buchautorin. Sie hat auch andere Unternehmungen erfolgreich realisiert. Als sie in Mannheim lebte, wurde ihr klar, dass die Stadt einen unangemessen schlechten Ruf hat, und sie überlegte sich, wie man das verändern könnte. Ihre Idee war, Hörbücher zu produzieren mit Autoren und Sprechern aus Mannheim. Um diese Idee zu testen, hat sie sich einer Art «Virustests» bedient, in dem sie untersucht, ob ein Ideenvirus gut ankommt oder nicht. Sie infizierte ihren Freundes- und Bekanntenkreis mit ihrer Idee und schaute sich die Reaktionen an. Der Virus verbreitete sich tatsächlich in einer Stärke, die für Cornelsen spürbar über der kritischen

Masse lag. Einige Anregungen aus den Rückmeldungen nahm sie auf und wagte es, von der positiven Ansteckung ermutigt, die ersten Prominenten anzusprechen. Nachdem auch in diesem Umkreis einige deutlich positive Rückmeldungen zurückkamen, entstanden eine noch größere emotionale Sicherheit und eine höhere sachliche Differenziertheit und so wandte sie sich schließlich an den Bürgermeister. Auch dort bekam sie die benötigte Unterstützung, um das erste Hörbuch zu realisieren. Wenn andere Menschen sich von einer Idee anstecken lassen, können Sie das als ein «Go!» der Intuitionen dieser Menschen auffassen und es als weitere Ermutigung aufnehmen.

Dieses Entscheiden auf Probe fällt besonders leicht mit einer offenen Grundhaltung im Hinblick auf die Akzeptanz der eigenen Ideen. Der Galerist Matthias Arndt hat in seiner Arbeit immer wieder neue Wege zur Kunst ausprobiert und sich dabei genau diese Grundhaltung zu eigen gemacht. Dass er im Kunstbereich arbeiten wollte, war ihm sehr früh klar. In welchem Bereich, war offen. So entwickelte er die unterschiedlichsten Aktivitäten vom Galeristen über die Besucherbetreuung bis hin zur Künstlerberatung. Dabei war er immer sehr offen, wenn das jeweilige Geschäftsmodell an die Grenzen kam. Sei es, dass ihm die Arbeit über den Kopf wuchs, sei es, dass die Nachfrage zu gering war, oder sei es, dass sich bei der Expansion das Geschäftsmodell nicht auf neue Standorte übertragen ließ. Diese Flexibilität ist es, die im Umgang mit Entscheidungen so hilfreich ist.

Wenn Sie Entscheidungen treffen, dann sind es meist nur Entscheidungen auf Probe, ob Sie wollen oder nicht. Das liegt daran, dass sich der Lauf der Dinge in komplexen Systemen nicht zuverlässig vorhersehen lässt. Es geht immer nur um Wahrscheinlichkeiten, die Sie beeinflussen, selten um Sicherheiten, die Sie erzeugen. Deshalb ist es so wichtig, offen gegenüber den Auswirkungen des eigenen Handelns zu sein. Ob Sie Ihr Netzwerk befragen, um die Richtigkeit Ihres Konzepts zu prüfen, oder ob Sie spielerisch neue Ideen ausprobieren. Wenn Sie verschlossen sind, werden Sie nur schwer loslassen können. Dann kann es leicht passieren, dass Sie zu viel Energie in eine Sache stecken, versuchen mit der Brechstange Ihren Weg zu bahnen oder mit dem Kopf durch die Wand wollen.

Dabei ist es hilfreich, die Idee nicht an das eigene Selbstwertgefühl zu koppeln. Wenn Sie eine negative Rückmeldung als Niederlage interpretieren, werden Sie nicht so leicht Abschied von Ihrer Idee nehmen können. Wenn Sie aber von vornherein die Begrenztheit und ein eventuelles Scheitern in Ihre Zukunftsprognose einbauen, werden Sie auch leichter wieder loslassen können. «Ich habe eine Idee und ich kann nur schwer einschätzen, ob es sinnvoll ist, diese Idee weiterzuverfolgen. Was meint ihr dazu?» Wenn Ihre Unternehmung nicht ankommt, stehen Sie nicht als Verlierer da, sondern als jemand, der eine Chance geprüft hat und sich nun neuen Chancen zuwendet.

Verstehen Sie kritische Nachfragen nicht als Affront, sondern als wertvolle Rückmeldungen. Diese Einstellung setzt ein gesundes Selbstvertrauen voraus – und natürlich auch ehrlich gemeinte, konstruktive Rückmeldungen. Das setzt voraus, dass Sie die dafür geeigneten Personen ausgewählt haben. Und wenn diese Menschen Ihnen auch noch eine Vielfalt an Rückmeldungen zur Verfügung stellen, umso besser. Dann können Sie je nach Bedarf Ihre Streicheleinheiten und Bestätigungen bekommen, oder aber mit denen sprechen, die noch das letzte Haar in der Suppe finden, oder sich durch einen beherzten Tritt auch mal den kleinen Energieschub abholen, der so nötig war.

Risiken und Nebenwirkungen

Ich stellte mein Buchkonzept frühzeitig in einer Arbeitsgruppe vor. Nach einer grundsätzlichen Zustimmung wies eine Kollegin darauf hin, dass es sich erst sehr sympathisch anhöre, wie ich für gekonntes und gelassenes Umgehen mit der eigenen Zukunft plädierte. Aber dann wurde sie doch den Eindruck nicht los, dass ich empfehle, man solle mit viel Energie Tausende von Chancen verfolgen und so schon wieder einer Überbelastung Tür und Tor öffnen. Deshalb an dieser Stelle der deutliche Hinweis auf Risiken und Nebenwirkungen.

Vielleicht ist es neben der Entscheidung für Chancen noch wichtiger, die Kraft zu haben, sich auch gegen Chancen zu entscheiden. Sonst kommt es unweigerlich zu Überlastungssituationen. Ganz abgesehen davon, dass man den einzelnen Projekten, für die man sich entschieden hat, nicht mehr gerecht wird. Dieser Aspekt ist vor allem dann nicht zu unterschätzen, wenn das Erzeugen von Chancen seine ersten positiven Auswirkungen zeigt. Dann stehen schnell so viele Möglichkeiten bereit, sich zu engagieren, sich weiterzuentwickeln, neue Projekte anzustoßen und in neuen Arbeits- oder Hobbygemeinschaften aktiv zu werden, dass weder die Zeit noch die Energie auf Dauer ausreichen.

Aus der Arbeit im Coaching weiß ich, wie schleichend sich so ein Prozess der Überlastung einstellt und wie schwer es ist, sich daraus zu befreien. Ein typischer Verlauf ist, dass erst die persönlichen Regenerationszeiten und dann die Zeit für Familie und Freunde geopfert werden. Schließlich fällt auch im Arbeitsumfeld der Fokus auf die wichtigen Dinge immer schwerer. Die Verläufe sind natürlich sehr individuell, aber ist man erst einmal in diesem Hamsterrad drin und lebt mit seinen Ressourcen auf Kredit, ist es sehr schwer, wieder herauszukommen.

Während es bei der Erzeugung von Chancen um Vielfalt und Menge geht, steht bei der Auswahl die sorgfältige Reduktion auf wenige Chancen im Vordergrund. Wenn Ihnen an dieser Stelle das «Nein» schwerfällt, handeln Sie sich leicht Folgen ein, die in einer Überforderung enden.

Aber auch wenn es Ihnen gelingt, durch ausreichendes Neinsagen die Chancen auf ein gesundes Maß zu reduzieren, bleibt es mit den verbleibenden Chancen eine Reise ins Ungewisse. Die Entscheidungen sind Startschüsse für neue Wege – und keine garantierten Erfolgsgeschichten. Natürlich sollten Sie mit voller Kraft und Überzeugung Ihre Entscheidungen angehen und weiterverfolgen. Wenn dann die Dinge aber nicht so laufen wie geplant, seien Sie offen für Abweichungen. Es besteht kein Widerspruch zwischen einer eindeutigen Entscheidung einerseits und einer Offenheit für die Folgen und das Vornehmen von Anpassungen andererseits. Das Lernen sollte ohne Reue und Selbstvorwürfe passieren, dann sind Sie auch offen dafür, das Gelernte in die Tat umzusetzen und Ihren Kurs zu korrigieren.

TEIL 3: Chancen verfolgen – Tanz mit den Widrigkeiten

Ich bin zweimal in meinem Leben einen Marathon gelaufen. 2000 in New York und ein Jahr später in Hamburg. Ich habe mich ein Jahr auf den ersten Lauf vorbereitet und war stolz, es bis ins Ziel geschafft zu haben. Was muss man für ein solches Unternehmen tun? Nachdem man vom Arzt das Okay bekommen hat, gilt es, ein ausgeklügeltes Trainingsprogramm zu absolvieren. Dazu gibt es etliche Bücher, die einem helfen, dieses Programm zu optimieren. Im Nachhinein ist mir aber eines ganz klar geworden. Um einen Marathon zu laufen, muss man letztlich nur eines machen. Man muss vorher möglichst viel laufen! Das ist die einfache Lehre. Wenn man zu wenig trainiert, reicht es nicht, trainiert man mehr und mehr, wird man immer schneller und hält immer länger durch.

Wenn es um das Verfolgen von Chancen geht, haben viele Menschen ganz ähnliche Assoziationen. Sie denken, es gehe darum: durchhalten, Gas geben, positiv denken, letzte Kräfte mobilisieren, anpacken!

Doch das Gegenteil ist der Fall. Mit reinem Fleiß und sturem Training kommt man nicht ans Ziel. Wenn Sie sich entscheiden, eine Chance zu ergreifen, dann ist meist völlig unklar, wie lang die Strecke ist, ob Sie immer auf Asphalt laufen, ob Sie die Strecke alleine laufen oder in einem Team, ob es nur einen

Weg gibt oder viele Abzweigungen, an denen Sie sich entscheiden müssen für die eine oder andere Richtung. Das Leben ist kein Marathonlauf. Es ist deutlich komplizierter. Deshalb helfen auch die Durchhalteparolen nur sehr begrenzt. Für eine Situation, die einem End- oder Zwischenspurt ähnelt, mögen diese Strohfeuer der Motivation gelegentlich geeignet sein. Auf Dauer jedoch erfordern die Herausforderungen, die sich nach dem Start ergeben, eine andere Kompetenz.

Als Kerstin Hagemann zugriff und dem Artikel in der «Hamburger Morgenpost» zustimmte, ahnte sie nicht, welche Herausforderungen mit diesem Schritt auf sie zukommen sollten. Schon am Abend nach der Veröffentlichung des Artikels über die Operationsfehler stand eine Traube von Journalisten und Fotografen vor ihrer Haustür, um Näheres zu erfahren und der Geschichte in Wort und Bild nachzugehen. Interviews hatte Hagemann bis dato nicht gegeben und so sprang sie ins kalte Wasser, schaute in die Kameras und stand den Reportern Rede und Antwort.

Dazulernen wurde fortan zu ihrer Hauptaufgabe: Sie gründete eine Organisation, stellte ein Team zusammen, akquirierte Finanzmittel, behauptete sich in öffentlichen Auseinandersetzungen, engagierte sich politisch, verhandelte, knüpfte Netzwerke und initiierte Projekte. Auf diese Weise hat Hagemann erfolgreich die Interessen von betroffenen Patienten vertreten, Hilfe organisiert, Gesprächspartner an einen Tisch geholt und zur Weiterentwicklung der Patientenrechte beigetragen.

Dieses Beispiel ist sehr typisch für das Verfolgen von Chancen: Der Weg ändert sich ständig, hält regelmäßig neue Herausforderungen bereit und erfordert weitere Entscheidungen. Und das hat so gar nichts mit der Vorbereitung und dem Laufen eines Marathons zu tun.

Claudia Cornelsen arbeitete während des Studiums als PR-Beraterin. Ein Kunde war damals ein Unternehmensberater, für den sie Besuche bei Redaktionen machte und sein Profil dort vorstellte. Als Cornelsen sich nach einem Gespräch in einer Münchener Redaktion verabschiedete, sagte die Redakteurin, offenbar im Glauben, dass es so etwas gäbe, Cornelsen möge doch bei Gelegenheit auch noch das Buch des Unternehmensberaters zusenden. Es gab aber kein Buch. Cornelsen erkannte jedoch die Chance, nickte kurz, verließ das Büro und rief direkt bei dem Unternehmensberater an, um ihn zu überzeugen, ein Buch zu schreiben. Dieser war kein geborener Autor und so entstand daraus die Idee, sich das Buch schreiben zu lassen. Wieder packte Cornelsen die Chance beim Schopf und gab in den nächsten Monaten ihre Premiere als Ghostwriterin. Und so fiel der Startschuss für den Schritt in eine dauerhafte Selbstständigkeit.

Ob es das beherzte Zugreifen bei besonderen Gelegenheiten ist wie bei Hagemann, ob es kleine Entscheidungen mit großen Folgen sind wie bei Cornelsen oder auch sorgfältig getroffene Entscheidungen nach reiflicher Konsultation des Kopf-Bauch-Jo-Jos – der Weg entsteht beim Gehen. Erstens kommt es anders und zweitens als man denkt, wie ein altes Sprichwort es so schön auf den Punkt bringt. Und dann helfen simple Durchhalteparolen, die letztlich zur Überforderung der eigenen Ressourcen führen, nicht weiter.

Von der Welle getragen

Bei den Interviews habe ich bei einigen Menschen eine besondere Leichtigkeit in der Verfolgung von Chancen erlebt. Es waren nicht diese Durchhalteparolen mit viel Anstrengung, Selbstüberwindung und übermäßigem Energieeinsatz. Vielmehr ließen sich diese Personen von ganz anderen Bildern motivieren. Es hörte sich eher nach einem «Tanz mit den Widrigkeiten» an. Da war eine Leichtigkeit, die ich sehr beeindruckend fand. Gernot Pflüger geht besonders offen mit Widerständen und Krisen um. Ich fragte ihn nach dem Bild, das er von sich hat, das diese Leichtigkeit und diese selbstverständliche Energie im Umgang mit den Widrigkeiten des Lebens symbolisiert. Ich bot ihm meine Idee an, ob es so etwas wie ein Tanz sei? Um das vorwegzunehmen, mein Bild vom Tanz mit den Widrigkeiten kam bei keinem meiner Interviewpartner gut an. Pflüger blieb zumindest im Umfeld der Musik und sagte, er fühle sich durchs Leben getragen von einer Art Rhythmus, einem Beat. Auch Claudia Kemfert machte deutlich, dass Tanzen nun gar kein passendes Bild für sie sei. Sie hätte eher das Gefühl, im Leben von einer Welle getragen zu werden. Sicherlich müsse man schwimmen und man würde auch mal durch den einen oder anderen Brecher unter Wasser gedrückt. Aber letztlich trage einen das Wasser und die Energie der Welle helfe einem, sich ohne Kampf in die passende Richtung zu bewegen, ohne gegen die Welle anschwimmen zu müssen.

Mich haben diese Bilder in all den Gesprächen sehr berührt, weil sie den Umgang mit den Widrigkeiten auf eine sehr gesunde Weise darstellen. Die Widrigkeiten mögen faktisch dieselben bleiben. Aber die eigene Haltung dazu erschließt Ressourcen, die es einem ermöglicht, konstruktiv mit ihnen umzugehen.

Hans-Georg Häusel hat eine Unmenge an Literatur und Forschungsergebnissen studiert, um zur Entwicklung seines «Limbic Systems» zu gelangen. Darin bringt er als Psychologe die Motivstruktur des Menschen mit den neurobiologischen

Erkenntnissen in Verbindung. Er hat von sich das Bild des Kletterers. Beim Klettern ist er für sich selbst verantwortlich. Er spürt direkt die Kräfte, die er einsetzt: Schwierige Überhänge kosten viel Energie, werden aber dann mit einer grandiosen Aussicht belohnt. Und auch in seinem Bild ist das Verhältnis zwischen eigenem Kraftaufwand und der erforderlichen Energie für die jeweilige Aufgabe stimmig. Auf diese Weise beschreibt er sich selbst als Abenteurer in der Neurowissenschaft. Das Kletterbild ist weit davon entfernt, ein reines Durchhalteprogramm zu sein. Denn seine Kraftanstrengung als Kletterer ist im Einklang mit seinen eigenen Möglichkeiten, stimmig mit dem Trainingszustand seiner Muskeln.

Im Flow mit dem Leben

Um gelassen den eigenen Lebensweg zu gehen, helfen solche Bilder wie das Getragen-sein durch eine Welle oder durch einen Beat. Die Bilder wirken im Unbewussten und erzeugen die positive Energie, die wir brauchen, um Vorhaben durchzutragen. Ich sprach mit Rudolf Kaiser über diese grundsätzliche Haltung zum Verlauf der Dinge. Er ist emeritierter Anglistikprofessor und hat sich mehr als 20 Jahre mit den kulturellen Wurzeln, der Philosophie und dem Leben nordamerikanischer Indianer beschäftigt.

In unserem westlichen Kulturkreis sind wir geprägt von der Haltung, dass man die Natur beherrschen kann. Es gibt eine deutliche Trennung zwischen dem Menschen und der Natur. Die indianischen Kulturen hingegen denken eher in einem großen Ganzen. Mensch und Natur hängen zusammen und alles, was passiert, ist eingebettet in einen großen Zusammenhang. Diese tiefe Verbundenheit mit dem Lauf der Dinge relativiert den persönlichen Einfluss auf die eigene Zukunft und kann dadurch Druck von den Schultern nehmen.

Bei Menschen in Belastungssituationen erlebe ich es im Coaching oft, dass sie sich selbst unter einen enormen Druck setzen, alles wieder in den Griff zu bekommen. Loszulassen, den Dingen ihren Lauf zu lassen und sich nicht gegen den Lauf der Dinge zu stellen, fällt oft schwer. Der Glaube, das eigene Schicksal und die eigene Entwicklung beherrschen zu müssen, erzeugt einen Druck, der bisweilen zu großer Erschöpfung und Lähmung führt. Für sich ein Bild zu entwickeln, in dem man auch getragen wird ohne eigene Leistung, in dem sich Lösungen ergeben auch ohne eigenes Zutun, kann das Leben deutlich entspannter und gelassener machen. Insofern ist das ganzheitliche Denken der Naturvölker ein ganz gutes Beispiel für die Grundhaltung, die die Theorien der Selbstorganisation nahelegen.

Ein weiterer Aspekt ist die Freiheit, zu seinen eigenen Werten und Wahrheiten zu stehen. Auch das ist wichtig für die Seelenhygiene. Kaiser erzählt in seinem Buch «Indianischer Sonnengesang» die folgende Geschichte: Eine Frau ist schwanger und erwartet in den nächsten Wochen ihr Kind. Die Vorräte sind knapp und die Familie leidet Hunger. Ein Freund kommt zu Besuch und fragt den werdenden Vater, warum er nicht jagen gehe. Schließlich gebe es in der Umgebung reichlich Wild. Der Mann antwortet, dass es für ihn in der momentanen Situation nicht richtig sei, jetzt, wo sie selbst das Geschenk neuen Lebens erwarteten, anderes Leben zu töten. Das Bemerkenswerte an dieser Geschichte ist, dass der werdende Vater einen Grundsatz formuliert, der nur für ihn selbst und seine Familie und nur in dieser Situation stimmig und passend ist. Weder will er seinen Freund überzeugen, dasselbe Verhalten an den Tag zu legen, noch erhebt er sein aktuelles Verhalten zu einer Maxime für zukünftige Situationen. Diese Fähigkeit, das eigene Leben so zu gestalten, wie es für einen persönlich und in der momentanen Situation richtig ist, ist eine wichtige Voraussetzung, um mit sich und seinem Leben im Einklang zu sein.

Mihaly Csikszentmihalyi beschreibt den Zustand, in dem man ganz in der Tätigkeit versunken ist, als Flow. Um den Flow zu erleben, müssen die Anforderungen der jeweiligen Tätigkeit zu den eigenen Kompetenzen passen. Sie dürfen einen also weder unter- noch überfordern. Dann kann diese Selbstvergessenheit, das sich Auflösen von Zeit und Raum einsetzen und ein Erlebnis entstehen, in dem man ganz im Hier und Jetzt lebt.

Ich möchte Sie anregen, nach Ihrem eigenen Bild zu forschen, das Sie durch Ihr Leben trägt. Ein Bild, das Ihnen im übertragenen Sinne ein Flow-Erlebnis mit Ihrem Leben ermöglicht – mit dem Leben im Großen und Ganzen. Ein Bild, das durch Höhen und Tiefen trägt. Es kann auch gerne ein anderes sein als das Bild des Tanzes mit den Widrigkeiten.

Von Kaiser und Csikszentmihalyi können wir lernen, dass es ein Vertrauen braucht in Kräfte und Ereignisse, die außerhalb unseres Einflusses liegen. Wer das nicht akzeptiert, setzt sich selbst unter großen Druck. Wir können lernen, dass es sinnvoll ist, die Anforderungen von außen mit den eigenen Fähigkeiten in Einklang zu bringen. Ob es sinnvoll ist, an den Fähigkeiten oder an den Anforderungen etwas zu verändern, hängt von der konkreten Situation ab. Letztlich geht es darum, dass Sie Ihr Leben so einrichten, dass es für Sie persönlich stimmig ist. Unpassende Vorbilder oder die Orientierung am Erfolg anderer bergen Risiken. Zu seiner eigenen Situation, zu seiner Geschichte und seinen Fähigkeiten zu stehen und auf dieser Basis zu wachsen, ist immer gesund.

Wenn Sie Chancen verfolgen, dann geht es vor allem um den Weg, den Sie beschreiten, nicht so sehr um das Ziel. Das Ziel dient als Orientierung und der angestrebte Nutzen bleibt Maßstab für das Handeln – mehr aber nicht. Sie sind nicht absolut. Durchhalteparolen, die hingegen auf «absolute Ziele» oder «absoluten Nutzen» ausgerichtet sind, sind deshalb auf Dauer ungesund.

Bei der Verfolgung von Chancen ist eine nachhaltige Vorgehensweise wichtig. Nachhaltig bedeutet in diesem Zusammenhang die Verbindung aus verbindlicher Zielorientierung, Angemessenheit beim Einsatz der eigenen Ressourcen und schließlich Stimmigkeit zwischen den eigenen Leidenschaften und dem Bedarf des Umfeldes. Der Charakter dieser Kriterien ist eher von Dynamik gekennzeichnet als von eindeutiger Positionierung. Soll ich mich auf die Ziele konzentrieren oder eher auf den Weg dorthin? Soll ich meine Interessen ernst nehmen oder eher die Bedürfnisse anderer Menschen und Organisationen? Soll ich vollen Einsatz zeigen oder mich eher mit 80 Prozent engagieren?

Es geht dabei gerade nicht um ein Entweder-oder, wie die Fragen es vermuten lassen könnten, sondern immer um ein Sowohl-als-auch. Diese Haltung ist sehr hilfreich. Laut Kaiser liegt sie übrigens naturnahen Stammesgesellschaften sehr viel näher als den westlich geprägten Gesellschaften. Sie ermöglicht es, entspannter mit den Anforderungen umzugehen, sich Zeit für Lösungen zu lassen und flexibler zu sein. Es geht darum, die richtige, jeweils situativ stimmige Mischung zu finden – zwischen Geradlinigkeit und Flexibilität, zwischen Siegeswille und Nachgiebigkeit, zwischen Alleingang und Teamarbeit, zwischen Aktivität und Kontemplation.

Sowohl schwimmen, als auch sich von der Welle tragen lassen, sowohl den Beat aufnehmen, als auch die eigenen Impulse setzen – diese schöne Harmonie zwischen selbst tragen und getragen werden ist es, die es einem ermöglicht, Chancen nachhaltig zu verfolgen, auf neue Erfahrungen angemessen zu reagieren, sich nicht an überhöhten Zielen aufzureiben, aber sich auch nicht abtreiben zu lassen aus übertriebener Vorsicht vor Rückschlägen.

Durchtragen, nicht durchhalten

Wenn Sie glauben, dass Sie bei der Verfolgung Ihrer Ziele zu viel Geduld aufbringen müssen, dann sollten Sie sich zum Trost an Antje Gerstein orientieren. In ihrem Verbands- und Politikumfeld hat sie bereits viele Projekte begleitet. Sie spricht bewusst nie vom Beenden eines Projektes. Sie kümmerte sich vor einigen Jahren um das Thema der gesellschaftlichen Verantwortung von Unternehmen. Von der ersten Idee bis zur Entscheidung, sich im Verband mit dem Thema zu beschäftigen, hat es alleine zwei Jahre gedauert. In der Zeit hatte sich die Diskussion aber schon wieder in vielen Aspekten weiterentwickelt und von der ursprünglichen Idee waren nur noch Fragmente übrig. Und so geht es ihr ständig, wenn Themen unter Beteiligung der vielfältigsten Interessen nach vorne gebracht werden sollen.

Ich fragte den Entrepreneurship-Professor und Teekampagnen-Gründer Günter Faltin nach den Persönlichkeitsmerkmalen, die es braucht, um ein erfolgreicher Unternehmer zu werden. «Wider Erwarten», so Faltin, «hat man keine ausschlaggebenden Kriterien gefunden.» Es gibt ganz unterschiedliche Persönlichkeiten unter erfolgreichen Unternehmerinnen und Unternehmern; die Suche nach speziellen Persönlichkeitsmerkmalen ist daher vergeblich. Man könne eigentlich nur ein einziges Merkmal nennen: Beharrlichkeit. Die Fähigkeit also, ein Ziel mit Ausdauer, trotz Schwierigkeiten und Rückschlägen, zu verfolgen.

Aufgewachsen in einer bayerischen Kleinstadt, lernten er und seine Altersgenossen früh, Konventionen in Frage zu stellen. Mit seiner Idee der Teekampagne brach Faltin mit den Konventionen einer ganzen Branche. Ein richtiges Unternehmen zu gründen, das musste der junge Professor in den 80er-Jahren erfahren, traf zunächst an der Universität auf wenig Gegenliebe. Unternehmerisches Handeln war in großen Teilen der Studentenschaft nicht in Mode und so musste er sich einem scharfen, nicht nur rhetorischen Gegenwind stellen. Das Konzept der Teekampagne wurde zunächst von vielen belächelt und als unrealistisch abgetan. Wie könne man denn glauben, mit einer einzigen Teesorte, und die nur in Großpackungen, am Markt erfolgreich sein zu können, so der hämische Kommentar einer Studentin. Solche Erlebnisse gehören dazu, wenn man seine eigenen Ideen vorantreibt und sich nicht nur auf eingefahrene und vermeintlich bewährte Konzepte verlässt.

Es sind aber nicht nur die Bedenkenträger, die einem das Leben schwer machen, wenn man Chancen nachhaltig verfolgen will. Auch viele «sachliche Hürden» können im Weg stehen. Und diese Hindernisse sind nicht von vornherein absehbar. Sie tauchen erst unterwegs auf und so sind Rückschläge immer Teil des Prozesses. Für einen konstruktiven Umgang mit diesen Rückschlägen ist Beharrlichkeit eine wichtige Fähigkeit.

Auch Cord Haack kann als Luftfahrtingenieur ein Lied von den Widerständen in Projekten singen. Er ist wie alle seine Kollegen immer wieder mit neuen fachlichen Hürden konfrontiert, die erst im Rahmen der Entwicklungsphase auftauchen. Komplexe internationale Projektstrukturen erschweren die Entscheidungsprozesse, widersprechende Interessen laden zu Konflikten ein – und das über eine Dauer von fünf bis sieben Jahren. Denn so lange dauert es, bis ein neues Flugzeug realisiert ist. Für Haack geht es in solchen Situationen auch nicht um das Mobilisieren der letzten Reserven, um bloße Kraft in Richtung Ziel. Sein Konzept ist kein Durchhalteprinzip. Seine Maxime ist, ein Vorhaben durchzutragen. Diese Metapher des Durchtragens bringt es sehr schön auf den Punkt. Tragen setzt voraus, dass Kraft und Gewicht zusammenpassen, dass man bei einer Überlastung mal eine Pause macht, dass man sich bisweilen Unterstützung holt, wenn die Gewichte zu groß werden. Dieses Durchtragen beinhaltet zwei Aspekte. Zum einen lädt man sich nur die Last auf die Schultern, die man auch tragen kann. Zum anderen trägt man dann auch die Last bis zum Ziel, egal, wie sich die Umstände oder sogar auch das Ziel im Laufe der Zeit verändern.

Für Beharrlichkeit und die Fähigkeit, Dinge durchzutragen, braucht es eine innere Motivation. Die Identifikation mit der Sache ist dabei von großer Bedeutung. Diese Identifikation kann beispielsweise durch die Leidenschaft für ein Produkt erzeugt werden, so wie es etwa bei Haack der Fall ist. Wenn schließlich ein neuer Flieger am Himmel kreist, entstehen Gefühle, die man in den Gesichtern der sonst so nüchternen Ingenieure überdeutlich ablesen kann. Es kann auch die Identifikation mit einer Gruppe oder einem Unternehmen sein, die dem Einzelnen Kraft und Energie gibt, an einer Sache dranzubleiben. Und schließlich bedarf es eines gesunden Maßes an Selbstvertrauen, dass man den Schwierigkeiten auf seinem Weg mit Kompetenz und Stärke begegnet und sich so immer ein Weg finden wird. Eine Figur, die mir in mehreren Interviews mit Frauen begegnet ist, verdanken wir Astrid Lindgren. Sie hat mit Pippi Langstrumpf einen Charakter geschaffen, dessen einzigartige Fähigkeiten auch für Erwachsene eine kraftvolle Orientierung geben können. Margarita Klein beschreibt ihren tiefen Optimismus mit Pippi Langstrumpf, wenn sie sagt, dass die Welt voller Schätze sei und es unbedingt nötig sei, dass jemand sie findet. Und Claudia Cornelsen verdeutlicht mit Pippi ihr Vertrauen in ihre Krisenkompetenz. Wenn es darauf ankommt, sei sie sicher, so wie Pippi Langstrumpf die Kraft entfalten zu können, sogar ein Pferd in die Luft zu stemmen.

Wer allerdings durch ein Vorhaben durchhetzt oder sich durchpeitscht, läuft Gefahr, auszubrennen. Dann reichen die eigenen Ressourcen nicht mehr zur Bewältigung der Aufgabe aus. Es fehlen die Regenerationszeiten, in denen die Batterien wieder aufgeladen werden, und es droht ein Burnout. Dieser Prozess verläuft schleichend. Die Belastung steigt von Woche zu Woche und von Monat zu Monat in kleinen Dosen, deshalb nimmt der Betroffene die höhere Belastung nicht als solche wahr. Für das Umfeld kann die Situation ebenfalls anstrengend werden: nämlich dann, wenn die anderen die Erwartung des Betroffenen, mitzuziehen, nicht erfüllen und ihn nicht unterstützen. Verliert er die Bedürfnisse der anderen aus dem Blickfeld, erzeugt das Widerstand – und bei ihm oft noch mehr Durchhalteenergie. Ein Teufelskreis.

Beim Durchtragen ist Aktivität gefragt und nicht blinder Aktivismus. Die Kunst ist, die Kraft in angemessenem Maße einzusetzen. So viel, wie das Gewicht und der Weg erfordern, aber nicht mehr als der Körper zur Verfügung hat. Die Motivation für das Tragen kommt von innen. Es sind Ziele, für die eine Leidenschaft besteht, die einen begeistern können. Hindernisse werden mit wachen Augen angeschaut, denn ein Ignorieren führt unweigerlich zum Sturz durch Stolpern.

Scheitern inklusive

Gabriele Fischer ist Chefredakteurin des Wirtschaftsmagazins «brandeins». Vor mehr als zehn Jahren holte sie Investoren mit ins Boot und gründete das Unternehmen. 2006 war ein besonderes Jahr mit einer besonderen Herausforderung. Sie versammelte ihr Team und verkündete, dass das erste Mal in der Geschichte des Magazins schwarze Zahlen erwirtschaftet worden seien. Bis dahin gehörte das mögliche Scheitern des Projektes zum täglichen Geschäft der Redaktion. Können die Gehälter gezahlt werden? Ist dies die letzte Ausgabe? Werden wir weitere Gelder organisieren können?

Fischer hat diese lange Durststrecke überstanden, weil zu ihrer Leidenschaft für die Idee des Magazins weitere wichtige Faktoren hinzukamen: «Ein Team, das sich immer wieder gegenseitig hochreißt, Leser, die immer wieder Bestätigung schicken, Aktionäre, die allen Rückschlägen zum Trotz zum Team und zur Sache stehen, die Fähigkeit, den Blick nicht nur auf die dunklen Wolken zu richten, sondern auch auf den Spaß, den es macht, Teil eines solchen Projektes zu sein – und der Humor, der in der Redaktion mindestens so fest verankert ist wie die Leidenschaft für die Sache selbst.»

Scheitern gehört zum Leben dazu. Wir scheitern oft im Kleinen. Eine neue Sportart stellt sich doch nicht als der geeignete Motivationsfaktor für ein regelmäßiges Fitnessprogramm heraus. Das neue Dienstleistungsangebot kommt nicht an, obwohl Sie davon so überzeugt waren. Der Abend endet im Streit, obwohl alles so schön vorbereitet war.

Wenn Sie Chancen verfolgen, betreten Sie immer auch Neuland – seien es neue Menschen, die eingebunden werden, neue Konzepte, die Sie ausprobieren, oder ein neuer Ort, an dem Sie tätig werden. Im Vergleich zum Gewohnten ist die Wahrscheinlichkeit von Rückschlägen beim Ungewohnten sehr hoch. Sie können schließlich nicht alle Entwicklungen vorhersehen. Gründe für das Scheitern können sowohl von einem selbst ausgehen als auch von anderen: Es kann genauso gut die eigene Fehlentscheidung sein oder die eines Managers, für dessen Unternehmen Sie tätig sind.

Es ist wichtig, sich mit dem Scheitern auseinanderzusetzen. Leider ist in unserer Gesellschaft ein offener Umgang mit Niederlagen, Rückschlägen und eigenen Schwierigkeiten selten. Häufig hingegen werden Erfolgsgeschichten erzählt, selbst dann, wenn einmal über eine Niederlage gesprochen wird: Sie dient dazu, zu verdeutlichen, wie sich jemand «erfolgreich» aus einer Krisensituation befreit hat.

Scheitern und Erfolg gehören zusammen wie Tag und Nacht, schwarz und weiß, plus und minus. Das eine geht nicht ohne das andere.

Bettina Tietjen hat ihre Chancen immer mit einer gewissen Leichtigkeit ergriffen nach dem Motto: «Ich probiere das jetzt aus, das muss man mal gemacht haben.» Wer «ausprobiert», hat einen sehr spielerischen Umgang mit der Möglichkeit des Scheiterns gefunden. Deshalb konnte Tietjen die Erkenntnis, dass Quiz- oder Politikmoderatorin ihr nicht liegen, leicht akzeptieren, ohne deshalb ihre Fähigkeiten grundsätzlich in Frage zu stellen. Wichtig ist für sie, an sich selbst zu glauben, sich zu akzeptieren, wie man ist, und auf dieser Basis mit Neugier und Offenheit durch die Welt zu gehen. Selbstakzeptanz ist eine entscheidende Fähigkeit beim Verfolgen von Chancen. Sie ermöglicht den offenen Umgang mit den Erfahrungen, die man auf seinem Weg macht.

Achten Sie einmal darauf, auf welche Art Sie auf das Auftauchen von Hürden oder auf Niederlagen reagieren. Die Reaktionsmuster sind je nach Persönlichkeit und Situation verschieden. Manche Menschen werden nahezu handlungsunfähig. Gelähmt, wie das Kaninchen vor der Schlange, verharren sie in ihrer Situation. Das ist häufig mit Taubheitsgefühlen, mit tiefer Erschöpfung und Motivationsverlust verbunden. Die Handlungsunfähigkeit verhindert, dass sie wichtige Maßnahmen ergreifen wie etwa das Verhandeln mit Beteiligten, dass sie Berater und Experten einbeziehen oder sich den offenen und stärkenden Austausch mit Freunden zunutze machen.

Bei anderen Menschen setzt ein Tunnelblick ein. Sie konzentrieren sich ganz auf den scheinbar einzigen möglichen Ausweg. Dabei wägen sie nicht ab, ob dieser Weg wirklich der beste ist. Oft ist es aber wichtig, mehrgleisig zu fahren, den einen Weg zwar weiterzuverfolgen, aber daneben zusätzlich weitere Chancen zu erzeugen.

Wiederum andere Menschen werden hyperaktiv. Statt sich in Ruhe auf wichtige Strategien zu konzentrieren, werden alle Hebel gleichzeitig in Bewegung gesetzt, um sich aus der Situation ärgster Bedrängnis zu befreien. Es mag kurzfristig befreiend wirken, so viel wie möglich in Bewegung zu setzen. Aber oft geht dabei der Fokus auf die wichtigen Dinge verloren, weil keine Muße mehr zur Analyse und zur intuitiven Einschätzung der Lage vorhanden ist.

Ob erstarrt vor Angst, fixiert auf die alles versprechende Überlebensstrategie oder blinder Aktionismus, diese Verhaltensmuster sind natürliche Schutzmechanismen. Kurzfristig begegnen die Betroffenen so den negativen Gefühlen. Leider erweisen sich diese zutiefst menschlichen Angstbewältigungsmechanismen oft als nutzlos und teilweise sogar als kontraproduktiv. Sie

sind für den Kampf um das Überleben unserer Urahnen vor Ur-
zeiten konzipiert und nicht für die komplexen Entscheidungen,
die in unserer heutigen Welt erforderlich sind – auch wenn diese
Situationen sich manchmal ähnlich existenzbedrohend anfühlen.

Die erste Reaktion an sich ist nicht problematisch. Schwierig wird es, wenn Sie aus Ihrer Stressreaktion nicht herauskommen. Es lohnt sich, den Blick von der Sache wegzulenken, wenn
Sie eine Lähmung, einen Tunnelblick oder blinden Aktivismus
spüren. Richten Sie Ihre Aufmerksamkeit stattdessen auf die eigenen Ängste, die Sie in der Stressfalle gefangen halten. Weiter
vorne war von der Beharrlichkeit die Rede, die erfolgreiche
Menschen gemeinsam haben. Genau in diesen Situationen ist
sie ebenfalls gefordert. Sie äußert sich in Form einer Kraft, in-
nezuhalten und nachzuforschen, was einen treibt und den Blick
für das Wesentliche trübt. Aus einer Stresssituation kommt man
eben nicht immer mit einer Aktion raus – sondern, indem man
innehält und sich die Situation genau betrachtet und analysiert.
Aus meiner Sicht ist das eine Form von Beharrlichkeit, die oft
übersehen wird.

Auch dabei ist der erste Schritt im Umgang mit den Ängsten die Selbstakzeptanz. Zunächst können Sie davon ausgehen, dass es sich bei Ihren Reaktionen um zutiefst menschliche
Verhaltensweisen handelt, für die Sie sich nicht schämen müssen. Diese Muster werden unbewusst aktiviert, weil Ihr Körper
und Ihre Psyche der festen Überzeugung sind, dass sie zur
Lösung des Problems führen. Vergegenwärtigen Sie sich, dass
andere Menschen ebenfalls ihre Muster haben, die nicht in jedem Fall ideal sind. Trösten Sie sich damit, dass es mehr Menschen sind, als Sie denken, denn nur die wenigsten sprechen
darüber.

In meiner Arbeit komme ich in Gesprächen selbst bei erfahrenen Führungskräften immer wieder an den Punkt, dass diese sich klein und dämlich fühlen, wenn sie entdecken, dass ihre Stressmuster eigentlich gar nicht zur Situation passen. Auch ich selbst kenne dieses Gefühl sehr gut. Sollte es Ihnen ebenfalls manchmal so gehen, dann wissen Sie nun, dass Sie damit nicht alleine sind.

Es wäre also doch ganz angemessen, verständnisvoll mit Ihren Automatismen umzugehen. Sie meinen es schließlich gut. Nebenbei bemerkt ist es immer förderlich, eine positive Haltung gegenüber noch so nervigen Gefühlen zu haben. Machen Sie sich immer klar, dass Ihr Alarmsystem in dem Moment mit bestem Wissen und Gewissen dabei ist, Sie vor großen Gefahren, wie es sie in der Urzeit gab, zu schützen.

Scheitern gehört zum Erfolg, weil es auf dem Weg dorthin immer wieder Rückschläge und Krisen gibt. Jedes Scheitern sollte in diesem Sinne als Lernmöglichkeit genutzt werden zur Korrektur der eigenen Konzepte und Methoden.

Allerdings wäre ich mit dem Motto «In jeder Krise steckt eine Chance!» als Trost vorsichtig. Das stimmt zwar, ist aber in der Regel nur wenig tröstlich. Ich habe es oft sogar als zynisch empfunden. Es geht vielmehr darum, Trauer, Wut und Ärger anzunehmen als natürlichen Teil des Prozesses, ohne das Kind dabei mit dem Bade auszuschütten und die eigenen Kompetenzen gleich mit hinunterzuspülen.

Veränderungskompetenz

Wenn Sie beispielsweise vorhaben, Ihre Ernährung umzustellen, werden Sie das nur schaffen, wenn Sie Ihre Kopfentscheidung für ein bisschen weniger Essen am Abend auch praktisch umsetzen können. Der Wille alleine reicht auf Dauer nicht, um eine analytisch sinnvolle Entscheidung auch konsequent umzusetzen. Insofern werden Sie beim Verfolgen von Chancen immer wieder vor der Herausforderung stehen, Ihr Verhalten zu verändern. Und das ist oft schwierig. Diese alltägliche Erfahrung wird mittlerweile auch von der Hirnforschung gestützt.

Verhaltensmuster werden im Gehirn mit jeder Wiederholung stabiler. Neue Wege haben es mit der Zeit deshalb immer schwerer, sich zu etablieren, wie Gerald Hüther es in seinem Buch «Biologie der Angst. Wie aus Streß Gefühle werden» beschreibt. Daher bleiben wir unseren Mustern so hartnäckig treu. Veränderung bedeutet also mitunter einen massiven Einschnitt in die gewohnten Bahnen. Gegen alle Gewohnheit neue Wege zu beschreiten, heißt mit hoher Energie viel einfachere Wege zu meiden. Man widmet sich neuen unwegsamen Pfaden, die erst über lange Zeit zu leicht gangbaren Wegen werden. Auf Dauer sitzt unser Unterbewusstsein am längeren Hebel. Die Kunst besteht deshalb darin, das Gehen der neuen Wege mit einer inneren Motivation zu koppeln, die dafür sorgt, dass die benötigte Energie wie von alleine vorhanden ist. Und wenn dann durch das regelmäßige Nutzen der neuen Pfade breite Wege und schließlich neue Autobahnen werden, bilden sich die alten zurück. Wir sind immer weniger dazu verlockt, in die alten Muster zu verfallen.

Wollen, Können und der Konjunktiv

Cornelia Dorn-Thies ist als Betriebspsychologin tätig im Strategischen Gesundheitsmanagement eines europäischen Versicherungskonzerns. Verhaltensänderungen der Mitarbeiterinnen und Mitarbeiter sind ihr tägliches Geschäft. Sei es aus Präventionsgründen oder in akuten Fällen. Daher kennt sie sich aus mit dem inneren Schweinehund. Sie unterscheidet zwei Fälle.

«Wenn ich wollte, könnte ich!» Diesen Gedanken kennen Sie vielleicht auch. Die Vorsätze für das neue Jahr sind eine gute Gelegenheit, sich für das wirkliche Wollen zu entscheiden. Vorher passt es eben nicht so gut, aber bis dahin ist ja auch noch ein bisschen Zeit und so beruhigt es unheimlich zu wissen, dass ich könnte, wenn ich nur richtig wollte.

Hingegen ist der zweite Fall «Ich wollte, aber ich konnte nicht!» für viele Menschen schon schwieriger. Der innere Schweinehund hat, vielleicht zum wiederholten Male, gesiegt und die guten Vorsätze, die geplanten Vorhaben sind im Sande verlaufen.

Für Dorn-Thies ist der erwachsene Umgang mit dem eigenen inneren Schweinehund in den letzten Jahren nicht nur aus der Sicht des Gesundheitsmanagements zur Kernkompetenz geworden. Sich an neue Situationen und Anforderungen anzupassen, wird immer wichtiger. Daher geht es oft darum, Gewohnheiten zu ändern, die schädlich geworden sind. Dies setzt meist eine intensive Auseinandersetzung mit den eigenen Antreibern und Blockierern voraus. Schließlich sind diese Gewohnheiten tief verankert.

Mit dem inneren Schweinehund kommt man nach Dorn-Thies nicht in einem Anlauf ins Reine. In der Regel braucht es die Bereitschaft, mehrere Schleifen zu drehen, bis er sich zufriedengibt mit den neuen Verhaltensmustern. Mindestens fünf Anläufe sind völlig normal. Dieser Tatsache realistisch ins Auge zu sehen, kann schon eine große Erleichterung sein.

Vitalität ist im Gesundheitsmanagement ein wichtiger Wert. Er bedeutet, sich glücklich, lebendig und kraftvoll zu erleben. Eine solche Lebensweise dient nicht nur dem privaten

Genuss, sondern auch der beruflichen Arbeit und dem Erfolg. Diese Werte sind auch für den offenen und kraftvollen Umgang mit dem Zufall von großer Bedeutung. Sie helfen Ihnen, gekonnt und gelassen Chancen zu erzeugen und alles zu tun, was nötig und sinnvoll ist, um ihnen zum Erfolg zu verhelfen. Um Chancen nachhaltig zu verfolgen, bedarf es der Fähigkeit, sich weiterzuentwickeln, sich zu verändern, wo es nötig ist, um so neue Wege zu beschreiten und es nicht bei guten Vorsätzen zu belassen.

Tragende Bildwelten

Was motiviert mehr? Die Kartoffelchips jetzt oder die schlankere Linie in vier Wochen? Bei Veränderungen geht es immer wieder um eine solche Frage. Ist unser Ziel in der Zukunft so in uns verankert, dass unser Verhalten in der Gegenwart dadurch auf nachhaltige Weise beeinflusst werden kann? In schwierigen Situationen ist es mit mehr Kraft und Überwindung nur selten zu schaffen, den Genuss der Gegenwart hintanzustellen. Meist ziehen die guten Vorsätze dann den Kürzeren.

Maja Storch und ihre Kollegen haben im Rahmen des Züricher Ressourcen Modells erforscht, wie man es schaffen kann, die langfristigen und kurzfristigen Motive zusammenzubringen. Ein faszinierendes Ergebnis ist, dass Bilder, wie beispielsweise die schon beschriebene tragende Welle, dabei eine große Hilfe sein können. Bilder aktivieren Gefühle und bieten eine ganze Fülle von verschiedenen Anknüpfungspunkten.

Mit Karin F. arbeitete ich an der Erreichung ihrer Vertriebsziele. Sie war im Vertrieb, weil sie über Jahre gut als fachliche Beraterin mit Kunden in den unterschiedlichsten Projekten gearbeitet hatte. Ihr guter Kontakt zu den Kunden und ihre verbindliche Art halfen ihr bei der Betreuung des Bestandsgeschäftes und bei Anschlussaufträgen. Ins Coaching kam sie, weil sie im Neukundenkontakt nicht ihre Ziele erreichte. Dabei war ihr die Aufgabe vom Kopf her völlig klar. Es gehörte zu ihrem Geschäft, neue Kontakte zu generieren durch persönliche Gespräche auf Messen, durch Anrufen potenzieller Interessenten und durch Aktivitäten in virtuellen und realen Netzwerken. Bei dieser Art von Kontakten tat sie sich jedoch sehr schwer. Mit ihrem Vertriebsleiter hatte sie bereits klare Ziele formuliert. Sie hatten sich verständigt, wie viele persönliche, telefonische und schriftliche Kontakte pro Woche erzeugt werden sollten. Aber auch diese konkrete Zielsetzung half nicht weiter. Anstatt, motiviert von den konkreten Zielen, energisch zum Hörer zu greifen, fand ihr Inneres tausend Ausreden, warum sie das auf morgen verschieben kann und sich erst einmal mit den vertrauten Bestandskunden beschäftigen sollte. Also arbeiteten wir an einem passenden und tragenden Bild, einem so genannten Motto-Ziel, wie Maja Storch diese Bilder nennt.

Dabei stellte sich heraus, dass das Problem darin bestand, dass jeder Neukontakt bei Karin F. verbunden war mit der Möglichkeit der Ablehnung. Und so versuchten wir, Bilder zu finden, die ihr helfen sollten, diese Hürde zu überwinden. Das erste Bild war das einer Bäuerin, die eine Fülle von Blumensamen in den Vorgarten wirft, um im Frühjahr und Sommer zu sehen, welche bunte Blumenvielfalt sich ergibt, welche Blumensamen angehen und welche nicht. Das zweite Bild war das einer Spinne, die unablässig neue Fäden spinnt, um neue Netze zu erzeugen und zerstörte Netzteile zu reparieren. Das dritte Bild war ein Kinderspiel in einer großen Gruppe, bei dem durch die Verteilung von Zetteln geregelt wurde, wer mit wem spielte.

Für Karin F. war es sehr interessant zu sehen, was die Bilder für emotionale Auswirkungen hatten. Wir untersuchten gemeinsam, welches Bild viel positive Ausstrahlung und zugleich wenig negativen Beigeschmack hatte. Am Bild der Bäuerin war die Leichtigkeit der Aussaat positiv. Negativ war, dass nur wenige Samen letztlich zum Erfolg führten und die Aktion jedes Jahr wieder von vorne losging. Es stellt sich dabei auch kein nachhaltiger Effekt ein, den Karin F. bei der Bestandskundenbetreuung aber schätzte. Das Spinnenbild war positiv dadurch gekennzeichnet, dass das Spinnen eine kontinuierliche, fast kontemplative Arbeit war. Auf der negativen Seite stand die Einsamkeit der Spinne, sie kämpft allein auf weiter Flur. Das Kinderspielbild hatte eine starke positive Ausprägung und kaum negative Aspekte.

Sowohl die positiven wie auch die negativen Aspekte sind durchaus von Bedeutung. Es braucht unabhängig voneinander eine positive Ausprägung einerseits und eine geringe negative Besetzung andererseits. So war Karin F. begeistert von dem Bild mit den Regeln des Kinderspiels. Damit war das Kontaktieren unbekannter Personen eine verbreitete und akzeptierte Spielregel. So war eine Absage oder eine Zurückhaltung keine Ablehnung mehr, sondern schlicht eine Möglichkeit, für die sich jeder im Rahmen der Spiegelregeln entscheiden konnte.

Durch dieses Bild des Kinderspiels veränderte sich für Karin F. wesentlich das Gefühl zum Anruf bei einem unbekannten potenziellen Kunden. Ob eine positive oder negative Reaktion kam – emotional blieb sie neutral. Es ging einfach darum, der gemeinsamen Spielregel zu folgen: «Hallo, heute sind wir dran. Mal sehen, ob es passt. Wenn ja, ist es prima, wenn nein, dann macht es auch nichts.» Karin F. greift jetzt einfach zum Hörer und «macht ihren Job».

Wenn Sie Chancen verfolgen und dabei einen inneren Widerstand spüren, können Sie solche Bilder als Werkzeuge nutzen. Mit ihrem Einsatz bringen Sie Ihre momentanen Verhaltensmuster und langfristigen Ziele zusammen. Diese bildhaften Motto-Ziele beziehen sich immer auf die Haltung, die ein Mensch zu einer Sache hat. Beispiele sind: «Ich möchte einen lebendigen Freundeskreis haben.» oder «Ich möchte in einem erfüllenden Job arbeiten.» Auf einer Ebene darunter liegen die spezifischen Ziele, die an konkrete Ergebnisse gekoppelt sind: «Ich möchte dieses Jahr eine fünfwöchige Reise machen.», «Ich möchte drei neue Kunden gewinnen.» Und auf der unteren Ebene liegt schließlich die Ebene des Planens, in dem die konkreten Schritte festgelegt werden.

Ich habe noch genau das Gefühl in den Knochen, als ich das erste Mal auf einem Mofa saß. Ein «viel» älterer Nachbarjunge, er war zwei Jahre älter, hatte schon ein Mofa und ich musste noch mit dem Fahrrad fahren, weil ich noch keine 15 Jahre alt war. Eines Tages ließ er mich auf einem abgelegenen Gelände eine Probefahrt machen. Ich setzte mich also darauf, drehte langsam am Gashebel und wurde wie von einer magischen Kraft mit einer solchen Wucht nach vorne geschoben, wie ich es auf dem Fahrrad noch nie erlebt hatte. Nach einigen Versuchen raste ich dann mit 25 Stundenkilometern dahin und war völlig begeistert von dieser Bewegung aus dem Nichts. So ähnlich ist es mit den Motto-Zielen. Wenn Sie schon lange an einer emotionalen Hürde hängen und dann endlich ihr passendes Bild gefunden haben, ist es genau dieser Unterschied zwischen Abstrampeln und Geschobenwerden, den Sie spüren werden. Wie von einer magischen Kraft werden Sie jetzt über die Hürde getragen.

Ich sprach mit dem Schauspieler Oliver Mommsen darüber, wie er sich auf neue Rollen vorbereitet. Er beschäftigt sich zunächst allein mit der Figur, dem Charakter und den Umständen, in denen sie lebt, weiterhin mit den Gefühlswelten, den Phasen und Veränderungen in der Geschichte und mit den Beziehungen zu anderen Figuren. Mommsen macht sich also erst einmal ein Bild von der Figur, das alle möglichen Details enthält und ihm so auch einen guten Gesamteindruck vermittelt. Erst auf dieser Basis beginnt Mommsen, den Text zu lernen, bis er ihn im Schlaf beherrscht.

Da Mommsen den Charakter im Detail kennt und dieses Bild tief in ihm verankert ist, ist er für alle spontanen Entwicklungen offen, die sich durch die Impulse des Regisseurs, durch die Interaktionen mit anderen Schauspielern und durch die Ereignisse am Set ergeben. Mit dieser Technik kann er in seine Rolle eintauchen und mit überzeugender Authentizität in allen Situationen reagieren.

Diese Authentizität ist auch bei der Verfolgung von Chancen wichtig, wenn es darum geht, sich aus sich selbst heraus weiterzuentwickeln und nicht nur darum, neue Verhaltensweisen aufzusetzen.

Wenn Sie Ihre Chancen über längere Zeit verfolgen wollen, müssen Sie mit Änderungen, Widrigkeiten und Widerständen rechnen. Entwickeln Sie Ihre individuellen Bilder, welche die innere Motivation freisetzen und Ihnen auch in schwierigen Situationen Orientierung und Energie geben.

Unterstützer und Erschwerer

Veränderungen wirken sich auf die Beziehungen, in denen man lebt, aus. Daher hat man es nicht nur mit den eigenen inneren Widersachern zu tun. Ebenso im Weg stehen uns manchmal Menschen aus unserer Umgebung.

Wenn Sie für sich eine neue Sportart entdecken, werden Ihre Freundinnen und Freunde aus der alten Disziplin Sie viel-

leicht vermissen. Wenn Sie beruflich die Karriereleiter empor-
steigen, werden manche Freunde, denen dieser Erfolg nicht be-
schieden ist, vielleicht mit Neid reagieren. Wenn Sie sich in
Ihrer Beziehung oder Ehe verändern, wird das nicht immer nur
positiv vom Beziehungspartner aufgenommen werden – denn
das erfordert letztendlich auch eine Veränderung von ihm oder
ihr. Insofern hat jede Veränderung, die Sie selbst für sich voll-
ziehen, auch immer eine Auswirkung auf Ihr Beziehungsnetz-
werk. Es lohnt sich daher, Unterstützer und Erschwerer zu identifizieren und angemessen mit ihnen umzugehen.

Schauen wir uns noch einmal die drei Kontaktebenen des
Netzwerkes an. Die losen Begegnungen auf Stufe eins sind dabei am wenigsten kritisch. Man erzählt von seinen Projekten,
hört sich Rückmeldungen an, bekommt Anregungen und hat
die Freiheit, diese Informationen und Eindrücke so zu verarbeiten, wie es einem genehm ist.

Auf der Stufe zwei sind Beziehungen, die sich über gemeinsame Aktivitäten definieren. Auf dieser Stufe ist Vorsicht geboten. Wenn nämlich die eigenen Veränderungen die Gemeinsamkeiten beeinflussen, kann es nötig werden, die Beziehungen
neu zu definieren. So hat auch Matthias Arndt erlebt, dass einige Geschäftskontakte plötzlich gegen ihn agierten, als er alte
Strukturen aufbrach und abgesteckte Territorien betrat. Seine
positiven Absichten wurden von manchen Kontakten anders
wahrgenommen. Anstatt sich zu freuen, dass den Künstlern
durch die neue Beratung geholfen wurde, gab es Personen, die
an der bisherigen Praxis Interesse hatten und die neue Produkt-
idee bekämpften.

Auf der dritten Stufe ist es wichtig, die Menschen an der eigenen Entwicklung zu beteiligen. Die Veränderungen, die in einem vorgehen, sind manchmal von außen gar nicht so leicht

wahrnehmbar. Und wenn dann der Freund oder die Freundin nicht mit ins Boot geholt werden, kann das zu Irritationen führen. Aber nicht alle Freunde sind automatisch einverstanden mit den eigenen Fortschritten. Nach dem Motto «Wasch mir den Pelz, aber mach mich nicht nass!» wird gerne mal die Entwicklung begrüßt, aber bitte nicht mit all ihren Nebenwirkungen. Das ist oft nur allzu verständlich, da anfangs nur selten die Auswirkungen abschätzbar sind und sich neben den gewünschten positiven auch ungewünschte negative Effekte ergeben. Wenn durch das wachsende Netzwerk die Termine mit Freunden und Bekannten zunehmen, nimmt das Zeit für Familie und Zweisamkeit. Wenn Sie Ihrem Mitarbeiter sagen, er möge doch klarer und deutlicher sein Team führen und Sie selbst plötzlich auch in den Genuss dieser Klarheit kommen, kann das anstrengend sein.

Auf die Suche nach Unterstützern sollte man sich daher nicht nur in den herkömmlichen Bahnen bewegen. Öffnen Sie sich weiteren, auch neuen Kontakten und schauen Sie sich nach Menschen um, die ein Interesse an dem jeweiligen Vorhaben entwickeln. So kann man sich je nach Projekt eine kraftvolle Gemeinschaft von Unterstützern zusammenstellen. Es ist einfach unrealistisch, wenn Sie sich von allen Menschen das gemeinsame Interesse und auch noch eine aktive Unterstützung erwarten. Der eine gibt Ihnen Rückenwind für Ihr neues Projekt, mit einem anderen tauschen Sie sich nicht über die Arbeit, aber über Ihre Rolle als Elternteil aus, und mit dem nächsten teilen Sie das Interesse an einem bestimmten Hobby.

Im Umkehrschluss bedeutet es, dass Sie nicht jeden von Ihren Veränderungen überzeugen können. Es wird Erschwerer geben, die Ihnen im Weg stehen, die Ihnen Energien rauben und in die falsche Richtung ziehen. Weiterhin besteht die Möglichkeit, dass man sich voneinander entfernt, die Wege sich vielleicht sogar ganz trennen. Nehmen Sie sich besonders bei Kontakten der Stufe zwei die Freiheit, den für Sie passenden Weg zu gehen, gerade wenn Sie selbst sich verändern.

Die Kunst bei Veränderungsprozessen besteht also darin, die passenden Unterstützer zu finden und die Energie, die sie einem geben, zu nutzen. Zum anderen bedarf es eines Seiltanzes mit den Erschwerern. Diejenigen, welche die Veränderungen nicht mitgehen können oder wollen, gilt es auf angemessener Distanz zu halten. Bleiben Sie dabei aber offen für wertvolle Hinweise auf mögliche Risiken, Widersprüche und Schwierigkeiten.

Unplanbares planen

Besonders im beruflichen Umfeld bedeutet das Verfolgen von Chancen, größere Projekte anzugehen. Wenn Sie als Freiberufler neue Kundensegmente erschließen oder in Ihrer Abteilung eine verbesserte Innovationskultur etablieren wollen, ist das keine einfache Zugreifchance, sondern ein Projekt, das Vorbereitung und Planung erfordert. Nun könnte man argumentieren, man sollte auf Planung verzichten, weil doch der Zufall immer ein Wörtchen mitredet und der Plan von heute schon morgen veraltet sein kann. Natürlich nicht. Wenn die Bahn keinen Fahrplan hätte, wüssten Sie nie, wie groß die Verspätung ist! Oft wird der Zufall im Zusammenhang mit der Planung negativ besetzt, so wie die Verspätung eines Zuges. Aber das muss natürlich nicht so sein. Der Zufall kann zwar Umwege und Schwierigkeiten erzeugen, aber genauso gut kann es auch zu Abkürzungen und Vereinfachungen kommen.

Logisch und konsequent zu planen einerseits und wirklich offen zu sein für neue Erkenntnisse und Veränderungen andererseits, ist eine Grundhaltung, die gerade beim Verfolgen von Chancen wichtig ist.

Kommunikationsmittel und Navigationshilfe

Wilhelm Alms hat als erfahrener Unternehmensberater Projektmanagement von der Pike auf gelernt. Für ihn ist ein Plan nötig, wenn mehr als zwei Menschen an einem Projekt arbeiten. Der Hauptnutzen des Planens ist die gemeinsame Verständigung über das Projekt. Der Plan teilt die Gesamtaufgabe in kleine Häppchen und definiert Verantwortlichkeiten und Schnittstellen so, dass alle Beteiligten mitarbeiten können. Es geht also mehr um die Kommunikation zwischen den Beteiligten als um die vermeintliche Sicherheit eines Zeitplanes.

Trotzdem ist Alms beim Planen sehr hartnäckig und seine Appelle an die Planungsqualität gingen nach seinen Worten manch einem Beteiligten ordentlich auf den Zwirn. Das Problem der Unberechenbarkeit wird eben nicht durch eine unsorgfältige Planung gelöst. Sorgfalt und genaue Recherche sowie eine Vertiefung in mögliche Entwicklungen sind sehr hilfreich. Voraussetzung ist eine gute Balance zwischen hartnäckiger Zielverfolgung einerseits und der Fähigkeit, einer Anpassung des Planes gegenüber offen zu bleiben. Denn ein Plan ist nur so gut wie seine Aktualisierung. Und diese Aktualisierung gelingt nur dann wirklich, wenn die Menschen genau hinschauen. Viele Menschen hängen leider zu sehr an der einmal gemachten Planungsarbeit und verschließen die Augen vor neuen Erkenntnissen und Abweichungen.

Neben einem professionellen Projektmanagement braucht es nach Alms Erfahrung noch zwei weitere Kompetenzen, um Projekte gut voranzutreiben. Zum einen ist es die Fähigkeit, das Projekt nach innen und außen mit Überzeugung zu vertreten,

Teams zusammenzuschweißen und ohne hierarchische Macht die Beteiligten bei der Stange zu halten. Neben dieser Überzeugungskraft ist zum anderen ein respektvoller, offener und kooperativer Umgang gefordert, und zwar unter allen Beteiligten – vom Pförtner bis zum Vorstand. Auch in diesem Bereich muss die gemeinsame Arbeit also auf Augenhöhe geschehen. Wenn diese beiden Aspekte nicht erfüllt sind, dann ist die Planung auf verlorenem Posten. Dann gibt es keine sachgerechten Aktualisierungen der Planung, keine Wahrnehmung kritischer Abweichungen und keine konstruktiven Anregungen zur Verbesserung der Vorgehensweise. Dann trocknet der Plan aus und wird zum leblosen Stück Papier ohne Bezug zum eigentlichen Projekt. Sackgassen und Irrwege werden so nicht rechtzeitig erkannt und aus der vermeintlichen Chance wird eine verpuffte Möglichkeit.

Planung ist immer eine Planung mit Menschen. Sie dient dazu, auch mit mehreren Beteiligten effektiv über ein Projekt nachzudenken. Sinnvoll kann es ebenfalls sein zu überlegen, wie die Chancen verfolgt werden und wie neue Erkenntnisse und Möglichkeiten sinnvoll eingebunden werden können. Sind diese Voraussetzungen gegeben, bildet der Plan tatsächlich die Verbindung von der Vision zur Tat. Er wird so zu einem Werkzeug, das allerdings täglich angepasst wird an die aktuellen Veränderungen.

Orientierung durch Phasen und Zyklen

Vielleicht haben Sie schon mal in einem Unternehmen gearbeitet, das in eine Krise geraten ist. Die meisten Menschen wollen in einer solchen Situation wissen, was sie beitragen können, um das Unternehmen möglichst schnell wieder aus der Krise zu führen. Das ist extrem schwierig, wenn niemand weiß, wie der Weg aussehen wird, geschweige denn, was jeder Einzelne kon-

157

kret tun kann. Manche Führungskräfte neigen unter diesem
enormen Druck dazu, allein durch tröstende Worte die Stimmung in den Griff bekommen zu wollen: «Es wird schon wieder!», «Wir schaffen das!», «Wir werden jetzt mit Volldampf alle
Ressourcen mobilisieren!» Doch allein durch Worte kann keine
Zuversicht geschaffen werden. So durchschauen die meisten
Betroffenen diese «Mogelpackung». Die Motivationsversuche
gehen, obwohl gut gemeint, nach hinten los.

Stattdessen ist es hilfreich, den Prozess in einzelne Phasen
aufzuteilen und die Mitarbeiter Schritt für Schritt einzubeziehen. Wenn die Finanzierung beispielsweise für sechs Monate
gesichert ist, kann man vereinbaren, in den ersten vier Wochen
alle Projekte zu identifizieren, die eine effektivere Kundenbetreuung und Produktion ermöglichen. Parallel werden Innova-
tionsworkshops durchgeführt, um neue Geschäftspotenziale für
den langfristigen Weg aus der Krise zu entwickeln. Die fünfte
Woche steht zur Verfügung, um Entscheidungen für Pilotprojekte zu treffen, die dann in der sechsten bis zehnten Woche ge-
startet werden. In der elften Woche werden die Pilotprojekte bewertet und noch einmal Entscheidungen getroffen, welche in
welcher Kombination weiterverfolgt werden sollen.

Nach einem solchen Muster weiß jeder Einzelne, wann er
oder sie welchen Beitrag leisten und sich im Gesamtprozess engagieren kann. Alle Beteiligten wissen, was sie zu tun haben. Da
der Plan ihnen transparent ist, können sie den Sinn einzelner
Schritte sehen. Das motiviert dazu, bis zum nächsten Meilen-
stein engagiert mitzuarbeiten. Die Einteilung in überschaubare
Phasen ermöglicht also bei langen und unsicheren Projekten
eine motivierte Arbeit aller Beteiligten.

Wenn Sie Chancen verfolgen, haben Sie es immer wieder
mit Projekten dieser Art zu tun. Auch wenn nicht der zusätzli-

che Druck einer Krise dahinterstecken muss, so bleibt doch über lange Zeit die Unsicherheit, ob das Vorhaben zum Erfolg führt. Und solche langen Strecken gilt es dann sinnvoll einzuteilen.

Nicht immer jedoch kann man die wichtigen Meilensteine vorausplanen. So kann es sinnvoll sein, wiederkehrende Termine zu planen. Manche Menschen planen daher in Zyklen. Sie nutzen etwa Jahreszeiten für ihr persönliches Chancenmanagement. Im Frühjahr werden neue Dinge ausprobiert. Im Sommer werden die ersten Versuche reflektiert. Im Herbst gibt es eine Entscheidung für ein oder zwei Favoriten und im Winter werden diese konsequent verfolgt. Im Frühjahr geht das Spiel von vorne los. Ob Sie Jahres-, Monats- oder Wochenzyklen wählen, hängt vom Projekt ab. Es gilt, die eigenen Favoriten zu finden. Ob es der Sport jeden Montag ist oder die Sportwoche in den ersten sieben Tagen des Monats. Ob es der Innovationsmontag in Ihrer Abteilung ist oder der Kreativworkshop jedes Frühjahr.

Der Vorteil der Zyklen ist die Automatisierung. Das regelmäßige Überprüfen der jeweiligen Projektsituation wird dadurch so selbstverständlich wie das tägliche Zähneputzen. So verhindern Sie, dass wichtige Hinweise und Informationen unter den Tisch fallen.

Die entscheidenden Momente

Viele Chancen werden dadurch vertan, dass Menschen kurz vor dem Ziel aufgeben. Zermürbt durch die unvermeidlichen Rückschläge, Irrtümer und Niederlagen fehlt auf den letzten Metern die Energie. Erschwerend kommt hinzu, dass man sowohl als Außenstehender als auch als Beteiligter oft erst im Nachhinein weiß, welches die letzten Meter waren. Vorher ist das schließlich sehr schwer zu beurteilen. Wie man sich auf den letzten Metern verhält, ist sicherlich auch eine Frage der Persönlichkeit und der individuellen Verhaltensmuster.

Eine Einladung zu einem verfrühten Aufgeben ist das weit verbreitete Pareto-Prinzip. Vilfredo Pareto entdeckte Ende des 19. Jahrhunderts, dass die Einkommensverteilung der Bevölkerung nicht gleichmäßig verteilt ist. Vielmehr besitzt ein kleiner Anteil der wohlhabenden Bevölkerung einen großen Anteil am gesamten Eigentum. 20 Prozent der Bevölkerung besitzen 80 Prozent des Einkommens. Diese Verteilung findet sich in vielen Lebensbereichen wieder und hat praktische Konsequenzen. Wenn 20 Prozent der Kunden 80 Prozent des Umsatzes generieren, lohnt es sich, seine Anstrengungen auf diese kleine Kundengruppe zu konzentrieren. Auf ein anderes Gebiet übertragen bedeutet das: Wenn man eine Wohnung mit 20 Prozent Aufwand zu 80 Prozent aufräumen kann, wird deutlich, welchen überproportionalen Aufwand ein Ordnungsfimmel zur Folge hat.

Auf der Grundlage des Pareto-Prinzips erledigen viele Menschen ihre Projekte nicht zu 100 Prozent, also perfekt, sondern begnügen sich mit einem etwas kleineren Grad der Perfektion. Dadurch sparen sie einen großen Teil des Aufwands ein.

Ralf Kohfeld hingegen ist ein Verfechter der letzten sogar nur zwei Prozent. Wenn er Projekte mit seiner Agentur begleitet, hat man allerdings nicht das Gefühl, dass er einem Perfektionswahn unterliegt. Er hat einen Trick, der es ihm ermöglicht, seinen Aufwand in Grenzen zu halten und trotzdem exzellente Ergebnisse zu erzielen. Er ist ein Meister des richtigen Moments. In den Phasen, in denen sich in einem Projekt noch viele Veränderungen ergeben, kann Kohfeld sehr gut mit deutlich weniger als 100 Prozent Qualität leben. Da gibt es grobe Skizzen, vage Ideen und viele Ansätze, die nicht bis zum Ende durchdacht sind. Irgendwann im Projekt kommt dann aber ein Moment, in dem es wirklich drauf ankommt. In diesem Moment greift er zu und prüft die Qualität bis auf das letzte Prozent. In dieser Phase werden alle Rahmenbedingungen, alle Ideen, alle Konzepte noch einmal in ihrem finalen Zusammenspiel geprüft. Da kommt es auf die letzten zwei Prozent an, sie machen den Unterschied. Durch das Eindringen in alle Verästelungen und die entferntesten Winkel der Aufgabenstellung ist der Aufwand zwar noch einmal relativ hoch, aber genau an dieser Stelle ist der Aufwand effizient eingesetzt.

Ich habe Kohfeld gefragt, woran man diese Momente erkennt. Woher man weiß, wann der Moment für den Endspurt gekommen ist. Das war gar nicht so einfach aus ihm herauszubekommen, da er intuitiv vorgeht. In der Reflexion haben wir dann herausgefunden, dass es drei typische Situationen sind, in denen seine Zwei-Prozent-Regel zutrifft.

Erstens wird Kohfeld aktiv, wenn eine Weichenstellung ansteht, die einen großen Arbeitsaufwand nach sich zieht. Dann lohnt es sich aufgrund der Folgekosten, genau zu prüfen, ob die Entscheidung, vom Kopf und vom Bauch her, die richtige ist.

Zweitens, wenn ein Ergebnis fertiggestellt wird und das Haus verlässt – also dann, wenn eine Außenwirkung mit all ihren Folgen bevorsteht. Beide Situationen sind dadurch gekennzeichnet, dass sie Entscheidungen mit großen Folgen beinhalten, zum einen der interne Arbeitsaufwand und zum anderen der Ruf der Agentur.

Der dritte Fall ist, dass er ein ungutes Gefühl hat. Das kann irgendein inneres Signal sein. Es muss nicht immer der Kloß im Hals sein, der klar und deutlich signalisiert, dass etwas nicht stimmt. Es kann auch ein leichter Zweifel sein, der durch den Kopf huscht und gleich wieder verschwunden ist. Oder auch ein unruhiger Schlaf, der darauf hinweist, dass irgendetwas nicht rund läuft. Auch dann lässt Kohfeld nicht locker, bis er herausgefunden hat, wo die Ungereimtheiten sind, die diese Signale verursachen.

Genauso gibt es auch bei Projekten, mit denen Sie neue Chancen verfolgen, Phasen, in denen Sie locker mit halber Kraft arbeiten können, und Momente, in denen Ihr ganzer Einsatz gefragt ist. Wenn Sie kein sicheres Gefühl für diese Momente haben und oft mit einem «Hätte ich damals doch …!» auf eine verpasste Chance schauen, lohnt es sich, diese Momente bereits vorab in der Planung zu erkennen und zu berücksichtigen.

Wann immer Entscheidungen mit größeren Konsequenzen anstehen, planen Sie viermal so viel Zeit für die Entscheidungsfindung ein, als Sie es normalerweise tun würden. So erzeugen Sie durch die Planung einen Fokus auf Situationen, in denen Weichen mit großen Folgen gestellt werden.

Natürlich ist es schwer, das irritierende Gefühl zu planen, da es zu jedem Zeitpunkt auftauchen kann. Hierfür lohnt es sich, regelmäßig über das Projekt zu reflektieren. Jetzt kommt die zyklische Planung ins Spiel. Ob Sie nun täglich Ihre Reflexionsstunde haben oder wöchentlich Ihren Jour fixe, hängt vom Projekt ab. Wichtig ist, dass diese Routine eingeführt und konsequent durchgeführt wird. Auch und gerade, wenn Sie das Gefühl haben, heute läge nichts an. Glauben Sie mir, es findet sich immer eine Erkenntnis, die Sie nachher nicht missen möchten. Beziehen Sie diese rechtzeitig in die Planung ein, so sparen Sie sich viel Zeit, Geld und Mühe. Sie können alleine reflektieren oder mit Unterstützern oder Beteiligten Ihres Projektes.

Wie Sie nun wissen, sind Projekte zur Verfolgung neuer Chancen ab einer gewissen Komplexität nicht vorhersehbar. Deshalb ist es wichtig, die richtigen Momente zu erspüren oder zur Sicherheit wichtige Meilensteine in den Plan einzubauen. Zusätzlich sind regelmäßige Reflexionen in Projektzyklen erforderlich. Dabei suchen Sie mit offenen Augen nach Abweichungen, auch dann, wenn eigentlich nichts Konkretes anliegt.

Mit diesem Vorgehen ermöglichen Sie sich eine wache Wahrnehmung. Sie können Ihre Entscheidungen überprüfen, den Plan anpassen und sich flexibel auf neue Erkenntnisse einlassen.

Der Extraschritt

Als Forscher und Hochschullehrer mit internationaler Erfahrung hat sich Matthias Stuber immer wieder Gedanken gemacht, welche seiner Studentinnen und Studenten in der Forschung erfolgreich sein werden. Als Experte für Bildgebende Verfahren in der Medizintechnik war er an renommierten Universitäten tätig. Seine Zöglinge glänzen grundsätzlich mit sehr guten Noten. Und trotzdem sind nicht alle gleich erfolgreich. Die Unterschiede fallen besonders auf, wenn nach dem Studium der Übergang zur Forschung im Rahmen der Doktorarbeit stattfindet. Dieser Übergang trennt die Spreu vom Weizen. Deswegen hat sich Stuber immer wieder gefragt, was den Unterschied ausmacht.

Nach vielen Hypothesen kristallisierte sich über die Jahre eine Eigenschaft heraus, die sich für ihn bis heute als wichtiges Kriterium bei der Auswahl der Doktorandinnen und Doktoranden bewährt hat. Es ist die Fähigkeit, einen Schritt weiter zu gehen als andere.

Ein beeindruckendes Beispiel ist für ihn nach wie vor der chinesische Arzt, der nicht aufhörte, ihm E-Mails zu schreiben, um sich für einen Forschungsaufenthalt in den USA zu bewerben. Auf die erste Anfrage antwortete Stuber, er habe kein Budget zur Verfügung. Nach kurzer Zeit kam die Antwort des chinesischen Arztes, er habe in China Gelder organisieren können. Für jedes weitere Problem, das sich Stuber stellte, folgte eine E-Mail des Bewerbers, welche die Lösung des Problems enthielt. So sagte sich Stuber schließlich, dass er dem Arzt bei so viel Einsatz eine Chance geben wolle. Und er hat die Entscheidung nicht bereut. Der Arzt begann seinen Aufenthalt ohne Fremdsprachenkenntnisse und bereits nach einem Jahr lag seine erste Veröffentlichung in englischer Sprache vor.

Der Hauptunterschied zwischen Studium und Forschung ist, dass man im Studium nur lernen muss. Forschung bedeutet hingegen, Widerstände ernst zu nehmen und auszuhalten, Hürden zu überwinden und kreativ offene Fragen zu definieren und zu beantworten. Diese Art der Arbeit braucht es auch, wenn Sie Ihre Chancen verfolgen wollen. Da gibt es dann keinen Lernplan, der nur abgearbeitet werden kann. Und jenseits des Planbaren wird die Fähigkeit, einen Schritt weiter zu gehen als andere, einen Schritt weiter zu gehen als üblich, zum entscheidenden Unterschied. Der Extraschritt schafft Zugang zu Neuland, und das gilt es zu entdecken.

Chancen zu verfolgen bedeutet, ganz ähnlich wie beim Forschen, Dinge zu tun, die vorher so noch nicht da gewesen sind. Sei es eine Innovation auf einem Fachgebiet, in einer Branche, in einer Organisation oder einer Gruppe. Oder sei es eine persönliche Veränderung, die Ihr persönliches Neuland ist. Dazu gehört das Erlernen neuer Techniken, Prinzipien, Methoden, Theorien oder Praktiken – wie man damit zurechtkommt, ist nicht planbar. Daher ist letztlich auch der Extraschritt nicht planbar. Denn er ist gerade dann nötig, wenn es nicht nach Plan läuft. Selbst wenn man sich kurz vor dem Ziel wähnt, kann es noch unzählige Hindernisse geben, die es zu überwinden gilt. In einer solchen Situation zahlt es sich aus, beharrlich zu bleiben und mit Neugier, Energie und Spaß diesen Extraschritt zu gehen.

Alleine geht es selten

Wenn Sie beispielsweise die Chance verfolgen wollen, Ihr Netzwerk zu erweitern, werden Sie auf Veranstaltungen gehen, treten Interessenverbänden bei oder nutzen die Möglichkeiten der sozialen Netzwerke im Internet. Das können Sie alleine machen. Beim Erlernen eines neuen Instrumentes sieht es da schon anders aus. Natürlich können Sie es auf die harte Tour als Autodidakt angehen, aber mit einem Lehrer oder einer Lehrerin geht es mit Sicherheit besser.

Wenn Sie hingegen eine Chance verfolgen, in der Sie auf die Zusammenarbeit mit anderen Menschen angewiesen sind, müssen alle Beteiligten engagiert dabei sein. Das ist besonders wichtig, da es sich beim Verfolgen von Chancen oft um Projekte handelt, mit denen alle Neuland betreten: wenn Sie als Eltern eine neue Kindertagesstätte gründen wollen, wenn Sie Ihr Ladenkonzept in einer neuen Stadt etablieren wollen, wenn Sie für Ihre Geschäftsprozesse eine neue Softwarelösung einführen wollen. Alle Vorhaben bergen genügend Potenzial für Überraschungen und Rückschläge, so dass Sie nur sehr begrenzt auf bewährte Standardprogramme zurückgreifen können. Sie sind daher darauf angewiesen, dass jedes Teammitglied seine gesamte Kompetenz in das Projekt einbringt. Nur so können Abweichungen und Ungereimtheiten frühzeitig erkannt werden, unerwartete Hürden überwunden, nötige Umwege gegangen und gegebenenfalls Ziele neu definiert werden. Es geht darum, Beharrlichkeit auch als Teamverhalten zu etablieren und zusammen die Extraschritte zu gehen, die dann vielleicht die Chance zum Erfolg führen.

Wenn Teams ins Schwärmen kommen

Vor einigen Jahren bin ich in einer Gruppe von Cuxhaven nach Neuwerk gewandert, einer Insel, die man nach einer dreistündigen Wanderung durch das Watt bei Ebbe erreicht. Zu Beginn waren alle mit den neuen Eindrücken beschäftigt. Die Wattführerin hatte allerlei Spannendes über sich häutende Krebstierchen und die natürlichen Veränderungen des Biotops zu berichten und auch die nackten Füße lieferten anregende Impulse durch die Berührung mit dem Wattmatsch. Nach etwa einer Stunde waren die ersten neuen Eindrücke verdaut und alle trotteten ihres Weges durch die matschige Landschaft unter blauem Himmel. Irgendwann schaute ich auf und entdeckte, wie der anfängliche Gänsemarsch sich völlig neu formiert hatte. Wir hatten uns offenbar kein Beispiel an laufenden Gänsen, sondern an fliegenden Gänsen genommen. Wir gingen nämlich in einer verzweigten Deltaform, so wie es Zugvögel am Himmel tun, wenn sie im Schwarm dahinfliegen. Von dem ersten Tier gehen zwei Reihen schräg nach hinten weg, die sich dann nach einer gewissen Strecke wieder verzweigen.

Wir Wanderer hatten uns natürlich nicht verabredet, eine solche Formation zu erzeugen. Der Einzelne kann sich also optimal verhalten, ohne dass er vorher ein Bild von dem Ergebnis haben muss. Bei uns Wanderern gab es zwei Kriterien, nach denen wir uns individuell verhalten haben. Eines war, der Gruppe zu folgen und nicht zu weit weg zu geraten. Das zweite war,

nicht ständig den aufspritzenden Matsch des Vorgängers abzu-
bekommen. So ergab sich die individuell optimale Position,
leicht versetzt hintereinander zu gehen. Wenn man zu weit nach
außen gelangte, suchte man sich einen Platz weiter in der Mitte,
und so entstand automatisch die zweite Verzweigung in ausrei-
chendem Abstand für den Schutz vor fliegendem Matsch. Gänse
ordnen sich in dieser Formation an, um bei für sie optimalem
Windwiderstand zu fliegen: im Windschatten einerseits, aber
nicht in störenden Verwirbelungen andererseits. Wenn die Leit-
gans durch das Vorwegfliegen zu müde wird, lässt sie sich zu-
rückfallen, und die nächste Gans übernimmt die Führung. Dieses Prinzip der Selbstorganisation kann man auch bei der
Teamarbeit anwenden. So sorgt man dafür, dass durch die Optimierung des Verhaltens aller Teammitglieder ein optimales
Gesamtergebnis entsteht.

Wolfgang Höffer arbeitet als Tierarzt in der Pharmabranche
und hat sich darauf spezialisiert, neue Geschäftsbereiche aufzubauen und zu realisieren. Chancen nachhaltig zu verfolgen, gehört zu seinen Hauptaufgaben. Er hat ein Netzwerk von Spezi-
alisten aufgebaut, auf das er sich in besonderer Weise verlassen
kann. Hoher Respekt und große Hilfsbereitschaft kennzeich-
nen die Beziehungen.

Höffer sagte, dieses Netzwerk sei ein Nebenprodukt seiner
Art, Teamarbeit zu organisieren. Vor einiger Zeit stand er vor
der Aufgabe, einen Produktionsstandort zu verlegen. Ein hoch
technisiertes Lager sollte ausgebaut werden und da die bisherigen Räumlichkeiten zu klein waren, standen sowohl ein Umzug
als auch ein Ausbau der Kapazitäten an. Da das Geschäft gerade
in der Aufbauphase war und sich die ersten Vertriebserfolge ein-
stellten, war Eile geboten. Sein Mutterkonzern plante für einen
Umzug mit mehrfacher Lagerkapazität seit 18 Monaten. Ein

Zeitraum, der für seinen Standort völlig inakzeptabel war. Das Team von Höffer schaffte in nur sechs Wochen den Umzug und den Aufbau der Lagerkapazitäten.

Wie hatte Höffer sein Team so organisiert, dass jedes Mitglied offensichtlich effektiv eingebunden war, alle Aspekte berücksichtigte und so der Prozess optimiert wurde und alle Hindernisse aus dem Weg geräumt wurden? Höffer sorgte dafür, dass zwei Prinzipien eingehalten werden: zum einen eine gelungene Kommunikation. Authentisch zu seinen Meinungen und Einschätzungen zu stehen und die Meinungen und Einschätzungen der anderen anzuerkennen, ist die Voraussetzung für die lösungsorientierte Diskussion an der Sache. Zweitens lässt er nicht locker, wenn ein Gefühl ihm sagt, dass irgendwo eine Unstimmigkeit ist, oder wenn er die Meinung der anderen nicht versteht. In diesem Fall wird so lange miteinander gesprochen, bis alle Irritationen beseitigt und Fragen geklärt sind.

Auf diese Weise kann Höffer auf Kontrollen verzichten, die im Übrigen kraft hierarchischer Befugnis durchgesetzt werden müssten. In seinem Team hingegen ist jeder für den ihm zugeteilten Aufgabenbereich verantwortlich. Jedes Teammitglied kann sich außerdem darauf verlassen, dass es auf offene Ohren stößt, wenn es Hilfe braucht oder einfach nur Gesprächsbedarf hat, weil es beispielsweise ein unbestimmtes ungutes Gefühl hat oder die Aussage eines Kollegen nicht nachvollziehen kann.

Gernot Pflüger hat ein ähnliches Prinzip in seinem Unternehmen. Er nennt es wirtschaftsdemokratisch führen. Er arbeitet in einer Branche, in der eine technische Innovation schon mal innerhalb von zwei Jahren einen Geschäftszweig obsolet macht. So sind Flexibilität und Innovation zentrale Erfolgsfaktoren seines Unternehmens. Dafür ist eine Kultur der offenen Kommunikation im Team erforderlich: Unterschiedliche Meinungen und Einschätzungen sind erlaubt. Weichen die Meinungen allerdings zu stark voneinander ab, fördert Pflüger ganz besonders den Kontakt zwischen den Beteiligten und eine Auseinandersetzung, die so lange geführt wird, bis ein Konsens gefunden ist.

Frank Utschakowski leitet die Abteilung «Rechnungswesen» in einem internationalen Konzern. In seiner Führungsrolle nutzt er ebenfalls das Delta-Prinzip der Gänseflüge. Er hat immer wieder mit Projekten zu tun, in denen die Prozesse optimiert werden, sei es durch technische Neuerungen oder durch Anpassungen an die Entwicklung des Unternehmens. Dabei greift er auch auf Erkenntnisse aus seinem ersten beruflichen Lebensabschnitt zurück: Als Sozialpädagoge konnte er viele praktische Erfahrungen zum Thema Teamarbeit auch theoretisch reflektieren. Gute Teamarbeit beginnt für ihn mit der Zusammensetzung des jeweiligen Teams. Bei Neueinstellungen achtet er darauf, dass die Chemie stimmt. Das ist für ihn der Fall, wenn die Menschen bereit sind, frei von Eitelkeiten und Machtgehabe miteinander an der Sache zu arbeiten. So hat er sich über die Jahre eine Abteilung aufgebaut, deren Mitarbeiter sehr gut miteinander arbeiten. Wenn neue Projekte anstehen, setzt Utschakowski das Team so zusammen, wie das Thema und die Art des Projektes es erfordern. Kriterium ist also neben der Sachkompetenz, inwieweit die Art des Projektes der Arbeitsweise eines Mitarbeiters entspricht: Erfordert es viel Routine oder Innovation, ein kurzzeitig hohes Tempo oder ein langes Durchhaltevermögen?

Auch für Utschakowski ist Authentizität ein Schlüssel zum Erfolg. Er sorgt für ein Umfeld, in welchem die Mitarbeiter offen ihre Einschätzungen und Meinungen sagen können. In dieser Atmosphäre ist es möglich, dass sich alle um die Sache kümmern und sich nicht in Machtkämpfen oder Hierarchiegerangel verheddern.

In allen drei Beispielen wird dem Einzelnen die Möglichkeit gegeben, sich mit Sachverstand und in Eigenverantwortung in den Arbeitsprozess einzubringen. Darauf legen die Führungspersonen großen Wert. Ihr Führungsstil hat nichts mit Laisserfaire zu tun. Sie sehen ihre Aufgabe vielmehr darin, mit aller Konsequenz für gute Rahmenbedingungen zu sorgen, in denen alle Beteiligten ihre Ideen und Erfahrungen austauschen und nutzen können, um ihre Projekte voranzubringen und neue Chancen nachhaltig zu verfolgen.

Werte-Resonanz

Wenn Christine Proske sich mit Autoren auf neue Buchkonzepte einlässt, muss sie nicht nur die Erfolgspotenziale des Themas bewerten. Sie muss auch einschätzen, wie sich die Zusammenarbeit mit dem Autor entwickeln wird, insbesondere in Phasen, in denen der Termindruck wächst. Über all die Jahre hat sich für sie ein Set an Werten herauskristallisiert, mit denen sie die zukünftige Zusammenarbeit einschätzen kann. Diese Werte sind neben der Fachkompetenz in dem entsprechenden Thema Ernsthaftigkeit, Zuverlässigkeit, Kreativität und Kritikfähigkeit. Verfügt der Autor über diese Eigenschaften, ist die Wahrscheinlichkeit sehr groß, dass das Buchprojekt auch über die üblichen Hindernisse hinweg zu einem gelungenen Ergebnis kommen wird.

Betrachten Sie einmal rückblickend Ihre Erfahrungen mit Teamarbeit: Wann und in welchen Teams hat die Arbeit gut funktioniert? Welche Grundhaltungen, Einstellungen und Werte herrschten vor und zeigten sich als in der Zusammenarbeit besonders förderlich? Wie war es bei schlecht verlaufenen

Teamprozessen? Mit welchen Kollegen gab es Schwierigkeiten? Gab es unterschiedliche Einstellungen zur Ausgestaltung der Zusammenarbeit und wenn ja, wie sahen diese aus?

Wenn Sie darüber reflektieren, werden Sie Ihre individuellen Werte finden, die für Sie persönlich gut geeignet sind, um mit anderen Menschen Chancen konstruktiv, kreativ und beharrlich zu verfolgen.

Meine persönlichen Favoriten für die Kommunikation mit anderen Menschen sind erstens Authentizität und zweitens eine durchweg konstruktive und damit wertschätzende Kommunikation.

Authentisch bedeutet, zu seinen eigenen Einschätzungen und Gefühlen zu stehen, seine eigenen Wahrheiten mitzuteilen und sich eben nicht zu verbiegen, nichts zu beschönigen oder zu verstecken. Wir haben die eigene Position nicht immer so klar vor Augen, wie wir es vielleicht meinen. Manchmal kostet es viel Mühe, um zu entdecken, dass man mit seinem eigenen Vorgehen im tiefsten Inneren eigentlich nicht zufrieden ist, dass man eine Entscheidung eigentlich gar nicht mittragen möchte oder auch, dass man mit einem Thema sofort loslegen möchte, anstatt eine Woche abzuwarten.

Konstruktiv zu sein bedeutet, die Dinge so zu sagen, dass man bei der Sache bleibt und keinen Machtkampf herausfordert oder darauf eingeht sowie, dass man weder andere noch sich selbst klein macht. Konstruktiv ist, wer von seiner eigenen Meinung, von seiner eigenen Sichtweise spricht und nicht so tut, als habe er die Weisheit mit Löffeln gefressen. Auch das ist nicht einfach, insbesondere, wenn man felsenfest vom eigenen Standpunkt überzeugt ist und die anderen sich trotz aller guten Argumente nicht davon überzeugen lassen wollen.

Authentisch und konstruktiv zu kommunizieren, ist eine hohe Kunst. Es hört sich so einfach an, aber in der Praxis, gerade in Krisen und unter Stress, ist es das nicht. Wenn es das eine oder andere Mal nicht gelingt, fällt einem Team natürlich nicht gleich der Himmel auf den Kopf. Dennoch ist es hilfreich, diese Werte in der Zusammenarbeit zu leben, da man nur so auf lange Sicht gemeinsam vorankommt.

Jede Führungs- und Teamarbeit ist letztlich eine Beziehungsarbeit. Teams scheitern selten an sachlichen, sondern meist an zwischenmenschlichen Problemen. Wenn Machtspielchen getrieben werden, wenn nach einer versteckten Agenda agiert wird, wenn sich trotzig der Diskussion verweigert wird oder mit überhöhter Dominanz versucht wird, alles und jeden zu steuern, wird viel Energie auf einer unproduktiven Spielwiese vergeudet. Und so werden noch so gute Chancen zerrieben in destruktiven Teamprozessen.

Um dem Zufall auch im Team eine Chance zu geben, baut Herbert Aly mit der Führungsmannschaft der Werft auf gemeinsame Werte und Kernkompetenzen. Neben Authentizität sind für ihn Entscheidungsfreiheit und Fehlerakzeptanz von großer Bedeutung. Dieses Loslassen funktioniert nur, wenn alle Beteiligten vor Entscheidungen offen in die Diskussion gehen. Und diese Offenheit fängt bei jedem Einzelnen an. Das eigene Gespür für Chancen genauso ernst zu nehmen wie für Risiken, bedarf eines inneren Zwiegesprächs, das keine Aspekte, keine Argumente, keine Vorahnungen ausblendet. Die Situation muss vielmehr von allen sachlichen und emotionalen Seiten aus beleuchtet werden. Diese Kultur des offenen Zwiegesprächs hilft dem Einzelnen und dem Team als Ganzem dabei, auf viele Überraschungen so gut wie möglich vorbereitet zu sein. Dann ist es für eine Führungskraft auch möglich, Entscheidungen zu delegieren und Fehler zu tolerieren. Und dieses Prinzip funktioniert sogar und gerade im Umfeld der projektorientierten Schiffbauindustrie, in der einzelne Entscheidungen oft sehr weitreichende Konsequenzen haben. Die einsame, rein hierarchische Entscheidung der Führungskraft erreicht nie die Qualität einer Teamentscheidung. Letztere entsteht auf Basis einer authentischen und konstruktiven Zusammenarbeit und ihre Konsequenzen werden vom gesamten Team getragen.

Wer Chancen im Team nachhaltig verfolgen will, muss Menschen zusammenführen, die in ihren Werten und Grundhaltungen in Resonanz sind, die sich gegenseitig stärken auf der Basis eines authentischen und konstruktiven Miteinanders. Eine regelmäßige Reflexion der Zusammenarbeit auf sachlicher und emotionaler Ebene ist gerade für innovative Projekte, wie sie typisch sind für das Verfolgen von Chancen, besonders wichtig. Denn gerade diese Projekte sind besonders stark von Umwegen, Hindernissen und Überraschungen betroffen.

Epilog

Wenn Sie alle Teile des Chancenmanagements anwenden wollen, werden Sie feststellen, dass Ihnen einige Bereiche mehr liegen als andere. Die Wahrscheinlichkeit ist einfach sehr hoch, dass Sie nicht in allen Bereichen gleich fit sind. Der eine fühlt sich in Netzwerken zu Hause, die andere bei einer sorgfältigen Entscheidungsfindung und wieder jemand anders bei der nachhaltigen Verfolgung von Chancen in einem Team. Und so werden Sie unweigerlich Bereiche entdeckt haben, in denen Sie nicht die vollständige Kompetenz haben, die Sie sich vielleicht wünschen. Bitte nehmen Sie sich die Freiheit, diesen Umstand nicht ausschließlich als Defizit zu empfinden. Günstiger für Ihr Wohlbefinden wäre es, sich an Ihren Stärken zu erfreuen und die anderen Bereiche als Entwicklungsmöglichkeiten zu betrachten. Nicht im Sinne des Schönredens, vielmehr im Sinne einer Chance, nun auch diesen Bereich für sich stärker zu nutzen. So geraten Sie nicht in den Machbarkeitswahn nach dem Motto: «Ich muss alle Bereiche des Chancenmanagements perfekt beherrschen!» Ich wünsche Ihnen sehr, dass es Ihnen gelingt, sich von diesem inneren Druck frei zu machen.

Gelassen und gekonnt

Die Mischung aus gelassenem und gekonntem Umgang mit der eigenen Entwicklung ist es, die ich Ihnen mit diesem Buch auf den Weg geben möchte. Geben Sie dem Zufall eine Chance, geben Sie ihm verschiedene Möglichkeiten, sich positiv in Ihr Leben einzumischen. Wählen Sie die Chancen nicht reflexartig sondern sorgfältig aus, indem Sie Ihr Bauchgefühl zusätzlich mit detaillierten Analysen und den verschiedensten Meinungen anderer Menschen füttern. Und verfolgen Sie schließlich die Chancen nachhaltig, so dass Sie Ihre eigenen Ressourcen im richtigen Maße einsetzen. Trotz aller Leidenschaft und Zielorientierung sollte immer der Raum für korrigierende Entscheidungen bleiben, wenn sich neue Erkenntnisse und Einschätzungen ergeben.

Wer sich bewusst ist, dass Erfolge und Misserfolge nicht nur an sein eigenes Handeln gekoppelt sind, gibt dem Zufall seinen angemessenen Platz. Ein gekonnter, chancenorientierter Umgang mit dem Zufall erzeugt das richtige Maß an Gelassenheit. So können Sie stolz auf Ihre Erfolge sein, ohne abzuheben, und Sie dürfen sich über Ihre Misserfolge ärgern, ohne mit Scham im Boden zu versinken. Und auf der nächsten Party erzählen Sie vielleicht viel gelassener von den Höhen und Tiefen in Ihrem Leben.

Anwendungsbereiche

Sie können das Chancenmanagement auf ganz unterschiedlichen Ebenen anwenden. Im privaten Bereich ergeben sich vielfältige Möglichkeiten. Sei es bei der Suche nach einem Partner oder einer Partnerin, sei es bei der Erweiterung des Freundeskreises, bei der Suche nach einem neuen Hobby oder eben auch bei der Unterstützung der beruflichen Karriere. Sie werden feststellen, dass diese Bereiche große Überschneidungen haben. Der Zufall geht natürlich über solche Kategorisierungen hinweg: Sie lernen beim Skifahren einen neuen Geschäftspartner kennen, Sie begegnen beim geschäftlichen Umzug in eine andere Stadt Ihrer Traumfrau oder Sie kommen beim Small Talk im Segelhafen mit einem möglichen neuen Kunden ins Gespräch. Der Zufall kann Sie überall erwarten, wenn Sie ihm eine Chance geben, und er wird nicht nur Teile, sondern Ihr ganzes Leben bereichern.

Auch für Unternehmen und Organisationen ist das Chancenmanagement hilfreich. Die Idee habe ich entwickelt, als ein Unternehmen in eine Krise geraten war und drauf und dran war, sich kaputt zu sparen. Der Fokus auf die schnelle und wirksame Senkung der Kosten ist nur die eine Seite der Medaille. Sie braucht als Ergänzung auch die Innovation, um aus einer Krise wirklich gestärkt hervorzugehen. Und so geht es darum, systematisch neue Chancen zu erzeugen – immer im Bewusstsein, dass dabei der Zufall seine Finger im Spiel haben wird. Unternehmen können das Chancenmanagement nicht nur in Krisenzeiten gut nutzen, sondern auch vorbeugend regelmäßig in guten Zeiten und sich auf diese Weise manche Krise ersparen.

Ohne Garantie

Die große Sehnsucht danach, das eigene Leben im Griff zu haben und Einfluss zu nehmen auf die eigene Entwicklung, ist nur allzu verständlich. Und so suchen viele Menschen nach den Erfolgsstrategien, die sie an das Ziel ihrer Träume bringen. Trotz allem Einfluss, den wir selbst auf unser Leben haben, muss man einige Ereignisse unter den Schlagwörtern «Glück» und «Pech» verbuchen. Und so ist dieses Buch kein Erfolgsratgeber, der Ihnen das Blaue vom Himmel verspricht. Garantie gibt es keine! Sie erhöhen lediglich Ihre Chancen. Dass es im Einzelfall immer wieder Menschen gibt, die ohne bewusstes und konsequentes Chancenmanagement ihren Weg erfolgreich gegangen sind, ist kein Widerspruch. Es bleibt Ihre ganz persönliche Entscheidung, in welchem Maße Sie den Zufall für sich nutzen wollen. Auch wenn ein konsequentes Chancenmanagement keine Erfolgsgarantie einschließt, wird es dazu führen, dass Sie durch den gekonnten Umgang mit dem Zufall eine Gelassenheit ermöglichen, die Ihrer Seele guttut, den Umgang mit Ihren Mitmenschen angenehmer macht und Ihnen letztlich eine Offenheit beschert, die dem Zufall weitere positive Einflussmöglichkeiten eröffnet.

Reflexion und Stärkung

Auf den folgenden Seiten gebe ich Ihnen die Möglichkeit, den Inhalt des Buches auf eine besondere Weise zu reflektieren und für sich zu nutzen. Gemeinsam mit dem Coach und Psychologen Ottmar Braunwarth habe ich Aussagen formuliert, welche die Grundgedanken und Anregungen des Buches zusammenfassen. Sie können die zusammenfassenden Aussagen als Erinnerungsstütze benutzen. Die zentralen Kernaussagen des Buches werden Sie an die für Sie relevanten Themen erinnern.

Sie können aber auch einen Schritt weiter gehen. Arbeiten Sie noch intensiver mit den Aussagen und nutzen Sie sie als Provokationen für Ihr Unbewusstes. So testen Sie, in welchen Bereichen Sie Ihre Kompetenz spüren und in welchen Bereichen Sie sich unwohl fühlen. Das Messinstrument ist dabei Ihre Intuition. Jeder Mensch verfügt über ein bewusst zugängliches kognitives Wissen und ein weit größeres unbewusstes intuitives Wissen. Über die genannte Methode aktivieren Sie es. Den folgenden Test haben wir in Anlehnung an den Kognitions-Kongruenz-Test von Michael Bohne entwickelt, den er in seinem Buch «Klopfen mit PEP» ausführlich beschreibt.

Er funktioniert folgendermaßen: Sie lesen die Sätze in Ruhe durch und beobachten Ihre Reaktionen. Einige Sätze werden relevant für Sie sein und eine Reaktion auslösen, andere werden Sie nicht so stark berühren. Bei den für Sie persönlich relevanten Sätzen haben Sie grundsätzlich zwei Möglichkeiten der Reaktion. Die Reaktion kann stärkend sein. Sie spüren, dass dieser Satz Ihnen guttut und sich beispielsweise als Motto für Ihre nächste Netzwerkveranstaltung eignet. Aber die Reaktion kann sich auch unangenehm und negativ anfühlen und so ein Defizit in dem beschriebenen Kompetenzbereich deutlich machen. Beides ist möglich. Wir haben auch erlebt, dass ein Satz sich sowohl negativ als auch positiv anfühlt. Dann spricht der Provokationssatz in Ihrem Unbewussten zwei unterschiedliche Teile in Ihnen gleichzeitig an. Gehen Sie in drei Schritten vor:

1. Sprechen Sie die einzelnen Provokationssätze langsam und deutlich.
Sprechen Sie laut oder nur mit Ihrer inneren Stimme, so wie es Ihnen lieber ist. Es kann auch hilfreich sein, wenn Sie sich die Sätze vorlesen lassen.

2. Hören Sie auf die vielfältigen, auch feinen Reaktionen Ihres eigenen Körpers.
Welche körperlichen Reaktionen spüren Sie? Antwortet Ihr Körper vielleicht mit Anspannung und Enge oder eher mit Kraft und Energie?

Welche Gefühle steigen auf? Kommen Ängste, Unwohlsein, ein mulmiges Gefühl auf oder spüren Sie Freude, Begeisterung, Tatendrang? Welche Gedanken entstehen? Kommen Ihnen Themen, Bilder oder Sätze in den Kopf? Sind es förderliche oder schwächende Gedanken? Kreisen Sie bei der Durchführung diejenigen Wörter ein, die Reaktionen bei Ihnen ausgelöst haben.

3. Nutzen Sie Ihre Eindrücke.
Einige wenige Aspekte werden Ihnen nach dem Lesen der Provokationssätze noch im Kopf sein, die anderen betrachten Sie als momentan irrelevant.

Notieren Sie sich die stärkenden Aspekte und formulieren Sie diese in Form eigener Provokationssätze, so dass diese für Sie persönlich stimmig und kraftvoll sind.

Wir wünschen uns, dass Sie sich dafür entscheiden, immer tolerant mit Ihren negativen und defizitären Aspekten umzugehen.

Packen Sie die negativen und defizitären Aspekte in eine imaginäre Schublade mit der Aufschrift «Wertvolle Anregungen für meine Entwicklung» und gehen Sie an diese Schublade erst dann, wenn Sie wirklich Lust darauf haben.

Im Kern geht es in den drei Teilen des Chancenmanagements um folgende Grundhaltungen und Verhaltensmuster:
Sie erzeugen vielfältige Chancen, indem Sie offen auf Menschen und Themen zugehen und die sich daraus ergebenden Anregungen frei aufnehmen und weiterspinnen ohne jeden Druck, der sich aus Gedanken zur Anwendbarkeit und Umsetzbarkeit ergeben könnte.

Sie erkennen Chancen und wählen sie sorgfältig aus, indem Sie Ihre intuitiven Signale ebenso ernst nehmen wie die rationale Analyse und die Einschätzungen anderer Menschen.

Sie verfolgen nachhaltig Chancen, indem Sie ausgewählten Chancen trotz aller Widrigkeiten und Widerstände im Einklang mit den eigenen Ressourcen nachgehen und aus neuen Erfahrungen lernen.

Auf den nächsten Seiten finden Sie zu jedem Kapitel eine Detaillierung dieser Grundhaltungen und Verhaltensmuster, um noch konkretere Anregungen für Ihre eigene Weiterentwicklung zu erhalten. Viel Spaß bei der Reflexion und Stärkung!

Chancen erzeugen

Zufallsgenerator Mensch

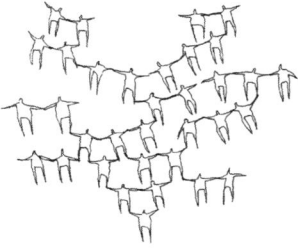

1. Ich bin frei, **so wie ich bin** auf Menschen zuzugehen.
2. Ich erlaube mir, Menschen **neugierig** anzusprechen und zu fragen, was sie denken und fühlen, welche Hobbys sie haben und welchen Beruf.
3. Ich entscheide mich, **frei von Erwartungen** in Gespräche zu gehen.
4. Ich traue mich, zu **meiner Geschichte**, zu meinen **Stärken und Schwächen** zu stehen.
5. Ich tue alles, um auf **kritische Fragen** angemessen und authentisch antworten zu können.
6. Ich entscheide mich, auch nach dem ersten Eindruck von einem Menschen **weitere Eindrücke zu sammeln.**
7. Ich bin offen, mit Menschen Kontakte **unterschiedlicher Intensität** zu pflegen.
8. Ich achte darauf, dass mein Engagement der **Intensität der jeweiligen Beziehung** entspricht.
9. Ich tue in engen Beziehungen alles, was nötig ist, um auch bei Auseinandersetzungen und im Streit **wertschätzend** miteinander umzugehen.

Nährboden Kompetenz

1. Ich erlaube mir, frei von Erwartungen in **unbekannte Gebiete** hineinzuschnuppern und Neues zu entdecken.

2. Ich traue mich, meine **Talente wertzuschätzen** und bin **stolz** auf meine erworbenen **Fähigkeiten und Kenntnisse.**

3. Ich tue alles, was nötig ist, um die für meine Situation **erforderlichen Fähigkeiten** solide zu erwerben.

4. Ich habe die Ausdauer, in einigen wenigen Bereichen richtig gut zu werden und es zu einer **persönlichen Virtuosität** zu bringen.

5. Ich erlaube mir, auch meine schlechten Gefühle ernst zu nehmen und sie als notwendigen Teil meiner **persönlichen Weiterentwicklung** anzuerkennen.

6. Ich entscheide mich, mich **regelmäßig mit mir und meinen Gefühlen,** meinen Bedürfnissen und Leidenschaften, auseinanderzusetzen.

Erfinden auf Vorrat

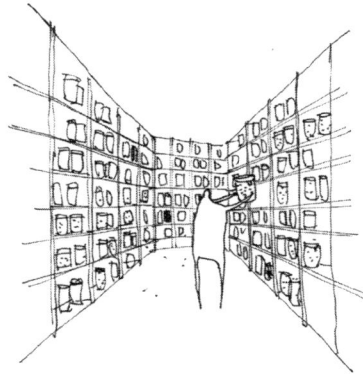

1. Ich achte darauf, auch **scheinbar unbedeutende Gedanken** ernst zu nehmen und deren Potenzial nachzuspüren.

2. Ich achte darauf, meinen Horizont spielerisch mit **vielfältigen Wissensquellen** zu erweitern.

3. Ich erlaube mir, jeden Kontakt zu anderen **Menschen als Denkanstoß** für neue Ideen und Konzepte wertzuschätzen.

4. Ich entscheide mich, **Widerstände, Grenzen und Widrigkeiten** zu akzeptieren und als **Auslöser** für meine Kreativität anzunehmen.

5. Ich tue alles, was nötig ist, um die **vielfältigen und zufälligen Anregungen,** die mir begegnen, zu sammeln.

6. Ich nehme mir die Freiheit, auch unrealistische und unpraktikable **Gedanken zu spinnen.**

7. Ich traue mich, meine unausgegorenen Ideen mit **anderen Menschen zu teilen,** zu diskutieren und sich so entwickeln zu lassen.

8. Ich erlaube mir, **schwierige Themen** aktiv beiseitezulegen und **reifen zu lassen.**

Chancen erkennen

Leidenschaften und Visionen

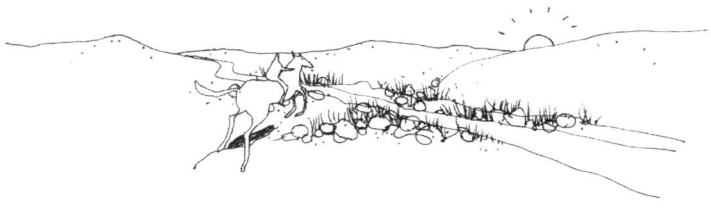

1. Ich traue mich, meine Leidenschaften, Sehnsüchte und Werte aktiv **zu erkunden.**

2. Ich genieße es, **meine inneren Antreiber und Motive** kraftvoll zu leben.

3. Ich habe die Kraft, meine inneren **Saboteure und Entwerter** in aller Offenheit zu betrachten und ihnen einen **angemessenen Platz** zu geben.

4. Ich prüfe genau, ob mein Handeln bei den entscheidenden Menschen **Interesse und Nachfrage** auslöst und so meinen weiteren Weg fördert.

5. Ich habe die Ausdauer, ein **kraftvolles Bild für meine Ziele und Visionen** zu suchen.

Futter für das Bauchgefühl

1. Ich habe die Ausdauer, die **vielfältigen Aspekte** vor einer Entscheidung zu sammeln und jedem einzelnen Gewicht zu geben.
2. Ich tue alles, was nötig ist, um **verlässliche Kriterien** für die Bewertung der Alternativen zu erarbeiten.
3. Ich achte darauf, **Konsequenzen und Wirkungen meiner Entscheidung** offen und wertfrei zu betrachten.
4. Ich sorge dafür, dass ich **alle Bereiche meines Lebens** betrachte und meiner Familie, meinen Freunden, meinem Beruf und mir selbst einen angemessenen Platz gebe.
5. Ich traue mich, die **Einschätzungen anderer Menschen** einzuholen und Positives und Negatives als wertvolle Rückmeldungen wertzuschätzen.
6. Ich bin offen, meine **Gefühle bei der Entscheidungsfindung** wahrzunehmen.
7. Ich erlaube mir, dass ich die **bejahenden und stärkenden Signale** ernst nehme.
8. Ich erlaube mir, dass ich die **verneinenden und skeptischen Signale** ernst nehme.

Entscheidungen treffen

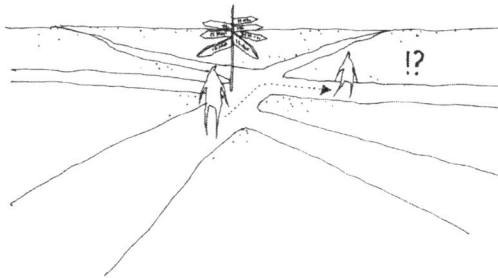

1. Ich achte darauf, neben den nahe liegenden Entscheidungs-möglichkeiten **nach weiteren Alternativen** zu suchen.

2. Ich tue alles, was nötig ist, um nützliche Teile aus den Ent-scheidungsalternativen **herauszupicken und neue hinzuzu-fügen,** so dass ich Vorteile kombinieren und Risiken mini-mieren kann.

3. Ich habe den Mut, bei **einmaligen Gelegenheiten** beherzt und entschlossen zuzugreifen.

4. Ich traue mich, bei aller Begeisterung für die **Chancen auch die Risiken** offen und konsequent anzuschauen.

5. Ich erlaube mir, meine **Entscheidungen konsequent anzu-passen,** wenn ich neue Erkenntnisse bekomme oder sich die Rahmenbedingungen ändern.

6. Ich habe die Größe **loszulassen,** wenn ein Weg oder Ziel nicht mehr zu mir passt.

Chancen verfolgen

Von der Welle getragen

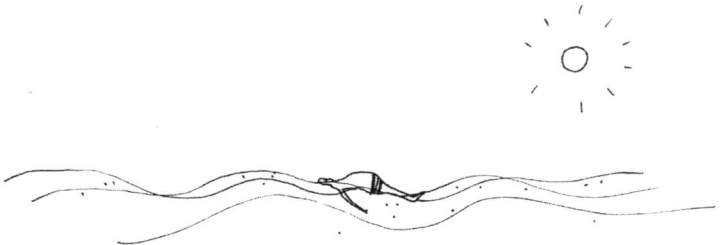

1. Ich tue alles, was nötig ist, um eine **innere Gelassenheit und Stärke** für die Höhen und Tiefen des Lebens zu fördern und zu erhalten.

2. Ich entscheide mich, der **Zukunft mit einem grundsätzlichen Vertrauen** in den Lauf der Dinge zu begegnen.

3. Ich erlaube mir, bei Bedarf **Unterstützung von mir wohlgesonnenen Menschen** zu holen.

4. Ich nehme mir die Freiheit, meine verpassten Chancen loszulassen und **in der Gegenwart zu leben.**

5. Ich achte darauf, dass ich **auch kleine Fortschritte** in der Gegenwart schätzen und genießen kann.

6. Ich tue alles, was nötig ist, um die **Last auf meinen Schultern** gut tragen zu können.

7. Ich erlaube mir, in schwierigen Phasen ausreichend für **Ausgleich und Erholung** zu sorgen.

Veränderungskompetenz

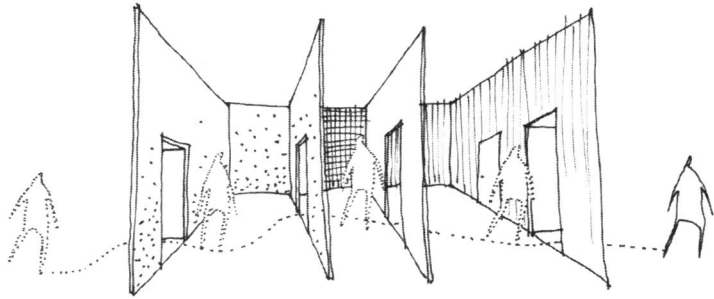

1. Ich erlaube mir, meine **gescheiterten Veränderungsversuche** als wichtigen Teil von mir anzunehmen.

2. Ich erlaube mir, meinem **inneren Schweinehund** verständnisvoll zu begegnen.

3. Ich erlaube mir, die ursprünglich **positiven Absichten meines inneren Schweinehundes** anzuerkennen.

4. Ich traue mich, mir **Hilfe von geeigneten Unterstützern** zu holen, wenn ich alleine den gewünschten Weg nicht gehen kann.

5. Ich habe die Kraft, zu **Menschen auf Distanz zu gehen,** die meine Entwicklung erschweren und mich unangemessen viel Energie kosten.

6. Ich habe die Ausdauer, mein Verhalten, meine Muster und meine Gefühle **regelmäßig zu reflektieren.**

7. Ich sorge dafür, dass ich mit meinen **Leidenschaften, Sehnsüchten und Werten im Einklang** lebe.

Unplanbares planen

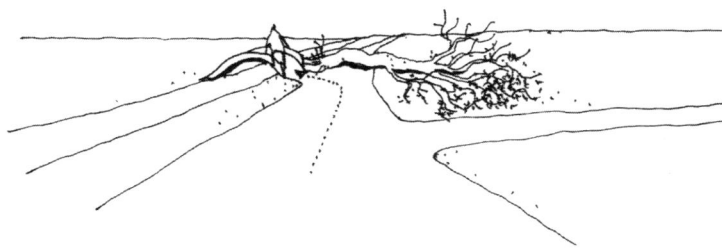

1. Ich tue alles, was nötig ist, um für umfangreichere Vorhaben **eine angemessene Planung** zu erstellen.

2. Ich sorge dafür, dass **alle Beteiligten** sich auf der Basis der Planung koordinieren und abstimmen.

3. Ich achte darauf, dass **Planabweichungen** von allen Beteiligten frei von Vorwürfen als normaler Teil des Prozesses **akzeptiert werden.**

4. Ich erlaube mir, bei **Veränderungen und Abweichungen** die Planung konsequent anzupassen oder mich von der alten Planung zu verabschieden und neu zu planen.

5. Ich sorge dafür, in längeren Projekten **überschaubare Phasen** zu definieren, die ich motiviert und zielstrebig abarbeite.

6. Ich erlaube mir, **geplante Analysen der Projektsituation** ernsthaft immer durchzuführen, auch wenn gerade mal kein konkreter Bedarf besteht.

7. Ich sorge dafür, dass bei **wichtigen Meilensteinen** die volle Aufmerksamkeit aller wichtigen Beteiligten zur Verfügung steht.

8. Ich habe die Energie, den **Extraschritt mehr** zu gehen.

Alleine geht es selten

1. Ich erlaube mir, meine **Teammitglieder** sowohl nach Sach-
kenntnis als auch nach Teamfähigkeit **auszusuchen und zu-
sammenzustellen.**

2. Ich sorge dafür, dass die **Meinungen aller Teammitglieder**
ernst genommen werden.

3. Ich tue alles, was nötig ist, damit alle Beteiligten ihre Meinungen und Einschätzungen **authentisch und konstruktiv**
äußern.

4. Ich habe die Energie nachzufassen, bis alle **Aussagen und
Ergebnisse plausibel** sind.

5. Ich traue mich, jedes komische **Gefühl ernst zu nehmen.**

6. Ich habe die Kraft, bei **Störgefühlen nicht locker zu lassen,**
bis alle Ungereimtheiten geklärt sind.

7. Ich traue mich, Verantwortung an die Teammitglieder **ab-
zugeben.**

Innovation in Unternehmen

Im beruflichen Umfeld sind Zufallstreffer nicht nur für die persönliche Karriere, sondern auch für die Entwicklung von Unternehmen von großer Bedeutung. Das betrifft insbesondere Unternehmen oder Unternehmensteile, die sich intensiv mit Innovationen beschäftigen, sei es im Rahmen von Verbesserungsprojekten und Produktentwicklungen, sei es in Forschungs- und Entwicklungsabteilungen oder in kleinen Unternehmen, die sich durch herausragende Innovationen ihre Position im Markt erobern wollen.

Für Mitarbeiterinnen und Mitarbeiter, die sich in innovativen beruflichen Umfeldern bewegen, sind die eigenen beruflichen Verhaltensmuster ein wichtiger Einflussfaktor im Umgang mit Chancen. Um vielfältig neue Chancen zu erzeugen, sie sorgfältig auszuwählen und schließlich nachhaltig zu verfolgen, bedarf es sehr unterschiedlicher Verhaltensmerkmale. Daher ist es für den Einzelnen und für die Teams sehr hilfreich zu erkennen, wo günstige Verhaltensmuster den Innovationsprozess fördern und wo Schwächen mittels eigener Weiterentwicklung oder Ergänzung durch andere Teammitglieder kompensiert werden können.

Das Unternehmen CNT Gesellschaft für Personal- und Organisationsentwicklung GmbH ist spezialisiert auf Personaltests für die Eignungs- und Managementdiagnostik. Für die Messung der Innovationskompetenz hat CNT ein spezielles Modul des bewährten Personaltests CAPTain Online entwickelt. Die Auswertung dieses Moduls orientiert sich an den drei Komponenten des Chancenmanagements, wie sie in diesem Buch beschrieben sind. Mit diesem Modul können Sie ein objektives und neutrales Feedback zu Ihrem Innovationsverhalten einholen. Den Test selbst sowie weitere Informationen finden Sie auf der Webseite www.braak.de.

Wenn Sie das Innovationspotenzial Ihres Unternehmens insgesamt interessiert, können Sie das Messverfahren des Hamburger Unternehmens Innonamics nutzen. Auf der Basis des im Buch vorgestellten Chancenmanagements misst das Verfahren, in welchen Bereichen bereits ein gutes Chancenmanagement realisiert ist und in welchen Bereichen Handlungsbedarf besteht. Wenn Sie also daran denken, Ihr Unternehmen weiterzuentwickeln, lohnt es sich auf jeden Fall vorher zu analysieren, in welchen Bereichen eine Investition sinnvoll ist. Außerdem können Sie im Anschluss an die Durchführung von Maßnahmen eine erneute Messung vornehmen und feststellen, wie erfolgreich Ihre Aktivitäten waren.

Das Messverfahren selbst ist einfach durchzuführen. Jede Mitarbeiterin und jeder Mitarbeiter füllt online einen kurzen Fragebogen aus. Sie erhalten mit geringem Aufwand detaillierte und aussagekräftige Auswertungen, die Sie für die gezielte Weiterentwicklung Ihrer Organisation, Ihrer Teams und Ihrer Mitarbeiterinnen und Mitarbeiter nutzen können - sei es mit oder ohne externe Beratung. Weitere Infos unter www.braak.de oder direkt unter www.innonamics.de.

Dank

Dass dies ein Buch über den Umgang mit Chancen geworden ist, verdanke ich der Intuition meiner Literaturagentin Christine Proske. Der Kontakt kam, wie kaum anders zu erwarten, zufällig zustande. In unserem ersten Gespräch pickte sie sich – nachdem sie meine eigentliche Idee charmant vom Tisch gefegt hatte – mit sicherem Instinkt genau dieses Thema aus meinen Beratungskonzepten heraus. Dafür und auch für die exzellente Betreuung bin ich ihr sehr dankbar.

Ottmar Braunwarth hat das Projekt als Psychologe und Freund in der gesamten Entstehungsphase inhaltlich begleitet. Seiner Fachkompetenz, seinem kompromisslosen Nachhaken und seiner konstruktiven und wertschätzenden Art verdanke ich viel. Die Stunden am Telefon und über den Texten halfen mir, manch gordischen Knoten zu durchschlagen.

Gedanken und Konzepte zu spinnen ist das eine, sie in ein lesbares Werk zu verwandeln etwas anderes. Kathrin Nord hat als Lektorin nicht lockergelassen, bis die Argumentation auch im Detail stringent und in klare Worte gefasst war. Ihre Nachfragen, Anregungen und die textlichen Umbauten waren für das Buch sehr wertvoll.

Die Interviews, die ich für dieses Buch geführt habe, waren eine echte Überraschung für mich. Dieser Teil der Arbeit entwickelte eine Eigendynamik, mit der ich nicht annähernd ge-

195

rechnet hatte. Die Idee war eigentlich, ergänzend zu den Erfahrungen aus meiner Arbeit weitere anschauliche Beispiele zu sammeln. Aber es wurde viel mehr. Die Gespräche mit so unterschiedlichen Menschen haben weitere Aspekte des Themas zutage gefördert. In jedem Gespräch konnte ich kleine Theorie- und Praxisschätze finden, die ich gerne aufgenommen habe. Ihnen allen herzlichen Dank für die sehr offenen und vertrauensvollen Gespräche: Jürgen Allerkamp, Wilhelm Alms, Herbert Aly, Matthias Arndt, Sabin Bergman, Regina Beuck, Silke Beuck, Jürgen Bock, Michael Bohne, Claudia Cornelsen, Cornelia Dorn-Thies, Rainer Elste, Günter Faltin, Gabriele Fischer, Antje Gerstein, Cord Haack, Kerstin Hagemann, Andreas Hartwieg, Hans-Georg Häusel, Wolfgang Höffer, Ulf Inzelmann, Michaela Kaiser, Rudolf Kaiser, Claudia Kemfert, Margarita Klein, Ralf Kohfeld, Petra Küsel, Corny Littmann, Oliver Mommsen, Gernot Pflüger, Jürgen Pleitner, Christine Proske, Martin Rudolph, Peer Schmidt-Ohm, Maja Storch, Matthias Stuber, Bettina Tietjen, Ali Turgut, Frank Utschakowski, Marcus Vitt, Beate Wedekind und Andreas Wietholz.

Der Beitrag meiner Frau Michaela Kaiser zu diesem Buch ist naturgemäß ein sehr vielfältiger. Sei es das kritische Lesen der Texte, die zahllosen Diskussionen über Kernaussagen und rote Fäden oder die ganz praktische Unterstützung und Ermutigung in den sommerlichen Monaten des Autorendaseins. Vor dem Hintergrund des Buchthemas gilt meine Dankbarkeit aber vor allem all den Anregungen und Impulsen, die ich in der Folge des Zufallstreffers unseres Kennenlernens bekommen habe. Mein beruflicher (und natürlich auch mein privater) Weg wäre anders verlaufen. Ich bin ihr zutiefst dankbar für ihre Anteile daran, dass ich heute da angekommen bin, wo ich bin.